大数据视域下的
人类行为内生动力研究

刘风华 赵旭敏 余 韦 李晓明 朱梦丽 著

U0227873

清华大学出版社
北京

内 容 简 介

本书通过对大众电子足迹大数据的挖掘与分析,从公共事件、智能交通和行为经济学三个维度探究复杂社会系统所隐藏的内生动力,并通过提出基本假设、建立理论模型探索这些规律的产生机制和可能的动力学影响。

本书共 6 章:第 1 章系统梳理了"人类行为动力学"在社会科学的认知及其使用情况,比较了"内生动力"与"外在推力"等知识体系对人类行为的作用,重点就人类行为特性背景中的内生动力基本形式、表现方法以及个体行为影响与群体行为影响的关联进行了分析。第 2 章介绍了人类行为动力学,并介绍了行为动力学规划、搜集、提取、存储和检索方法及工具,重点讲述了人类行为的时间规律、空间规律以及对传播动力学的影响及建模问题。第 3 章从公共治理的角度,研究群体行为动力学在公共危机突发事件下的群体心理应激反应,并有效分析群体心理应激的具体过程,通过对突发事件的影响进行定量分析,为人们在紧急情况下的行为模式的研究提供了一定的依据。第 4 章通过对大量的人类个体行为和群体行为的定量统计,研究其在时间和空间上表现出的内生动力复杂性,进而揭示智能交通中所隐藏的统计规律。第 5 章从人类自身行为出发,结合行为经济学探索传统经济学无法有效解释的大规模金融市场扰动成因,探究隐藏在许多复杂社会经济现象背后的内生驱动力。第 6 章从哲学、生物学、经济学、社会学、心理学等方面,将人的动态模式和心理模式结合起来,对复杂社会下的内生动力模型进行修正。

本书内容属于大数据与社会学的交叉领域,适合高等院校大数据、人工智能、社会学等专业的学生阅读,也可供相关领域有兴趣的科技工作者和研究人员参考。

图书在版编目(CIP)数据

大数据视域下的人类行为内生动力研究/刘风华等著. —北京:清华大学出版社,2024.4
ISBN 978-7-302-65957-0

Ⅰ.①大… Ⅱ.①刘… Ⅲ.①数据处理—应用—人类—行为—动力学模型—研究 Ⅳ.①TP18②C912.68

中国国家版本馆 CIP 数据核字(2024)第 066370 号

责任编辑:薛 杨
封面设计:常雪影
责任校对:郝美丽
责任印制:宋 林

出版发行:清华大学出版社
　　　　网　　址:https://www.tup.com.cn,https://www.wqxuetang.com
　　　　地　　址:北京清华大学学研大厦 A 座　　　　邮　编:100084
　　　　社 总 机:010-83470000　　　　　　　　　　邮　购:010-62786544
　　　　投稿与读者服务:010-62776969,c-service@tup.tsinghua.edu.cn
　　　　质量反馈:010-62772015,zhiliang@tup.tsinghua.edu.cn
　　　　课件下载:https://www.tup.com.cn,010-83470236

印 装 者:北京同文印刷有限责任公司
经　　销:全国新华书店
开　　本:145mm×210mm　　印　张:6.375　　　　字　数:114 千字
版　　次:2024 年 4 月第 1 版　　　　　　　　　　印　次:2024 年 4 月第 1 次印刷
定　　价:59.00 元

产品编号:102879-01

前　　言

　　复杂社会系统是由人的意志和行为驱动的，大量典型的复杂社会系统都直接或间接地和人发生着关联。正是由于人类行为在复杂社会系统中的普遍性和有效性，复杂社会系统的人类内生动力研究分析方法才得以广泛应用于社会科学的研究。

　　随着累积的电子足迹大数据越来越多，我们从人类自身行为出发，研究人的相互作用和内生动力涌现出来的社会安全复杂性；通过对大量的人类个体行为和群体行为的定量统计，我们研究其在时间和空间上表现出来的内生动力复杂性，进而揭示智能交通中所隐藏的统计规律。通过探究隐藏在许多复杂社会经济现象背后的内生驱动力，我们探索传统经济学无法有效解释的大规模金融市场扰动成因。正是对以上复杂社会系统人类行为内生动力行为的问题深切关注，构成了本书写作的初衷。我们试图借助复杂系统概念和隐喻表征社会系统内在属性，通过大数据技术，以"人类行为内生动力"为视角对社会系统演化的形式化进行表征，通过公共事件、智能交通和行为经济学三个维度考察复杂社会系统所隐藏的内生动力，并根据所研究的问题提出基本假设,建立理论模型,来探索这些规律的产生机制和可能的动力学影响。

　　本书由李晓明教授组织编写,其中刘风华老师负责研究内容中的数据分析及可视化呈现部分的内容,并编写了第1、2、3、6章内容,赵旭敏老师负责第4章内容的撰写,余韦博士负责第5章内容的编写,朱梦丽、李莹负责全书的审核与校对。本书相关的研究工作得到了湖州市科技计划项目(2022GZ57)及湖州市物联网智能系统集成技术重点实验室的大力支持,本书在编写过程中得到了天津大学大数据技术研究团队、浙江省越秀外国语学院教师的指导及帮助,在此向他们致以诚挚的谢意。

　　由于编者水平有限,书中难免有不足之处,敬请广大读者批评指正,在此表示衷心的感谢。

2024 年 2 月

目　　录

第1章 绪 论

  复杂社会系统是由人的意志和行为驱动的,大量典型的复杂社会系统都直接或间接地和人发生着关系。正是由于人类行为在复杂社会系统中的普遍性和有效性,复杂社会系统的人类内生动力研究分析方法得以广泛应用于社会科学的研究。作为揭示复杂社会系统的内生动力的核心,人类行为被越来越多的研究者关注。人类群体行为是隐藏在许多复杂社会经济现象背后的驱动力,重点理解人类行为特征与规律是当代科学研究中一个极为重要的课题。

  人类存在于个体性和社会性两个系统中,人类的行为不仅取决于个体的行为,还受外界诸多因素影响。对于人类行为的研究是探索人类自身和社会发展的一个重要方面,并且对研究经济、心理学、社会心理学等有着十分重要的意义。Barabasi 等人在 *Nature*(《自然》)杂志上发表的一篇文章开创了人类行为动力学的新方向,即认为人类行为活动的时间性遵循非泊松统计,人类行为同时具有长时间的间隔以及短时间内的高频爆发,其中两个相邻时间的时间间隔满足反比幂函数的胖尾特性。虽然人类行为动力学问世时间极短,是一个新兴的研究领域,但是其价值同时具备理论与实践双重特性,很快便吸引了各个领域的研究学者对其进行进一步的探究。目前,学者对于人类行为动力学的研究已经涉及各个领域,包括电子游戏、网页浏览、短信及邮件通信、商业交易等。我们试图分析人类行为的电子足迹数据,借助复杂系统概念和隐喻表征社会系统内在属性,以"人类行为内生动力"为视角,对社会系统演化的形式化进行表征,通过公共安全、智能交通和行为经济学三个维度,考察复杂社会系统所隐藏的内生动力,并根据所研究的问题提出了基本假设,建立相关理论模型,以此来探索这些规律的产生机制以及可能的动力学影响。

1.1 国内外相关研究

1.1.1 人类行为时间特性的统计力学

行为统计力学的时间特性研究主要用于对互联网上人类相互通信的行为规律进行统计力学分析,涉及的模型主要为间隔时间分布模型、阵发系数与记忆系数模型,这些模型对研究人类行为的意义在于能够对不同时域和环境条件下的不同个体行为发生的时间戳分布规律变化进行有效的统计分析。例如根据大学图书馆的借阅数据

进行的行为学分析,通过观察每周周期性调节的书籍返回
概率分布,可以发现借阅书籍的持有时间的概率分布遵循
周期性和幂律。

除了对人类行为的时间特性统计力学进行直接分析,
也有学者基于时间序列对通信网络的人类行为进行研究,
以移动互联网人群所推动的时间特性数据作为时间统计
特性的模型参考,提出了相对时钟概念,不受昼夜和周末
效应的影响,而是采用了两次事件之间、同一时区其他个
体所发生的事件的总计数,因此得以计算某个个体在两次
事件之间的时间间隔分布。该研究提出了最初的任务优
先列队模型,用于解释人们在日常生活中的事件处理决策
问题,并对阵发系数以及记忆系数给出了相应的指标。其
中,电子邮件、手机短信、手机通话、金融活动等通信行为
发生的间隔时间均服从幂律分布。研究基于人类群体之
间统计力学的特性,可以建立人类信息交互以及信息传播
模型,被广泛应用于金融以及移动互联网等众多领域。

1.1.2　人类通信行为空间特性研究

通信行为的时域模式分析研究的是人类通信行为在
时间上呈现出的统计规律。其中,主要统计指标包括间隔
时间、等待时间、时间序列特征的多样性分析,以及阵发系
数及记忆系数和不同阈值下的阵发期划分与统计,如阵发
期事件数分布、阵发期间隔时间、阵发期等待时间。人类

通信行为的实证数据集主要包括信件、电子邮件、通话、短信、社交网站数据等。通信行为的实证研究主要是基于手机信令的定位功能的时域模式分析,同时,手机通信数据也可用于人类行为的空间模式分析。其基本的研究思路为利用采集的人类通信行为数据,并在隐私保护的前提下对数据进行整理,从而获得人类行为的时空轨迹数据,继而利用时间、空间、社会等各维度上的统计指标对其进行量化分析,基于实证数据的统计特征建立相应的动力学模型,用于解释一系列社会现象或预测人类行为。

1.1.3 人类行为空间特性研究

随着累积的电子足迹大数据的增多,我们可以将对人类通信行为的研究应用于人类的空间移动模式分析,因为手机始终跟随一个用户移动,所以我们就可以通过运营商的通信塔来获取较为精确的用户时空的位置移动轨迹。空间模式分析的主要统计指标包括单步位移、回转半径、凸包直径、路径欧氏距离及真实距离、空间位置访问频次及排名、移动模式多样性、可预测性等。González 等人对匿名手机用户的位置进行了为期 6 个月的跟踪,结果发现人的移动轨迹呈现出高度的时空规律,他们都以较高的概率返回几个常去的地点,手机用户的移动步长近似服从带有指数尾的幂律分布。2010 年,Chaoming Song 的研究团队发表了关于人类行为可预测性的文章,其对各匿名手机用户的出行行为模式进行了深入研究,结果发现人类的日常出行活动具有较强的规律性,每个人的定期旅行距离都在 10km 以上,且与距离无关,研究表明 93% 的活动是可以预测的。Becker 等在其 2013 年的文献中利用 2011 年 4月 1 日至 6 月 30 日间,美国 3 个城市的手机数据对人类移动模式及在群体性事件中的参与性进行了分析。Balázs Cs. Csáji 等在其 2013 年的文献中利用葡萄牙 10 万名匿名用户在一年多时间内的手机数据对人类移动模式进行了分析,并提出了多种评价指标。

1.2　复杂社会系统研究

1.2.1　复杂社会系统下的群体内生动力建构

半个世纪以前,复杂社会最初被正式视为"系统",也被定义为互动实体的不同集合,通常处于平衡状态,但具有明确的功能,人们可以控制它们,这种控制通常类似规划和管理的过程。这些概念将复杂社会系统视为自上而下组织起来的系统,不同于其他更广泛的环境,这些环境被认为大体上是良性的,其功能依赖各种负反馈恢复平衡。然而,当这个模型被阐明后,就会发现它存在缺陷。复杂社会系统并不存在于良性的环境中,也不能轻易地与更广泛的世界隔绝。此外,复杂社会系统不会自动回到平衡状态,因为它们永远在变化——事实上它们总是远离平衡。复杂社会系统也不是集中排序的,而是主要从自下而上演变为数百万个个人和群体决策的产物,只有偶尔的自上而下的集中行动。

简而言之,复杂社会系统更像是生物系统,而不像是机械系统。复杂性科学的兴起,改变了系统理论从顶部设计开始的观念。人类行为动力学的引擎是大数据,即现在无处不在的关于人类生活各方面的数字、数据。人类行为动力学通过分析人类经验和思想交换的模式,而借助的都是电话记录、信用卡交易和GPS定位修复这类简单的信息和数据。这些数据通过记录我们每个人选择做的事情来讲述我们的日常生活。我们真正是谁,更准确地取决于我们在哪里花了时间,买了哪些东西,而不仅取决于我们说了什么、做了什么。这些行为从根本上展现了人的行为规律,进一步揭示了人类的社会属性。

近10年来,国外一些学者开始提倡用复杂系统的范式及其思维和方法,来发现并解决社会科学所面临的诸多问题。复杂社会系统以社会系统为基础,其中所蕴含的社会复杂性问题的意义及带来的启示也可以通过分析得出。为有效揭示社会系统理论所蕴含的社会价值及应用价值,人们以社会系统理论为依托,通过剖析社会系统的复杂性本质,重构社会科学的认知模式,有效融合了复杂社会系统的人类行为动力学的研究开始受到关注。为补充系统行为静态描述,人们引入复杂系统概念和隐喻,来揭示社会系统的内部演化动力学,进而推动对系统行为的动态解释和预测。

1.2.2　复杂社会系统与人类行为内生动力研究

为了有效揭示复杂社会系统中人类行为内生动力,并对其发展前景作出科学判断,人们需要从理论、方法和实证三个维度系统考察复杂社会系统的人类行为内生动力建构问题。

(1)理论维度。系统理解复杂社会系统的人类行为内生动力建构的基本线索及演进历程、主要内容、本质特征和一般规律,形成对于复杂社会系统及人类行为、内生动力的发展演进的理性认识。

(2)方法维度。全面展现复杂社会系统中人类行为内生动力遭遇的挑战。社会系统的复杂性是本身就存在且固有的,我们必须基于新的研究视角,使用新的方法论工具,将其潜在的、隐藏的复杂性明晰地体现出来,为理解复杂社会系统中人类行为内生动力提供方法依据和逻辑线索。

(3)实证维度。深度展现复杂社会系统中人类行为内生动力建构的实际用例,系统剖析"人类行为内生动力"在复杂社会系统中的应用,形成对于复杂社会系统中人类行为内生动力研究的前景瞻望。

1.2.3 复杂社会系统人类行为内生动力的建构理论

复杂社会系统的人类行为是基于特定事件背景、时代特征和现实需要而出现的特定行为,是群体行为独有的规律。大规模人类行为是可以定量统计的,有其获取、发展和演进的一般规律。人们通过对于这一规律的认识、提炼和总结,形成了复杂社会系统人类行为内生动力的建构理论。社会人类行为特征包含个人行为特征与群体行为特征,前者属于内核建构,协助理解复杂社会系统的个体所遵循的较为简单的局域性行为规则,反映群体行为特征的个体体现;后者属于外观建构,是为了实现某个特定的目标,由两个或多个相互影响、相互作用、相互依赖的个体而构成的人群集合体。个体行为与群体行为之间存在共生互动关系,在两者的共同推动下,复杂社会系统的人类行为才能被有效揭示。

基于智能交通的内生动力建构视角,本书对中外智能交通的现状及发展前景进行了讨论;基于现有的流行交通系统动力学特性,本书对交通配置优化及运输性能提升进行了系统的阐述。在阐述的过程中,本书对群体行为动力学建构的智能交通的时空特性指标,及其融合城市空间结构与人类交通行为模式进行了总结,并选取多个城市对交通行为的同内生动力进行个案分析,以验证交通行为内生动力的影响。

　　基于行为金融学的内生动力的建构,本书对中外行为金融的现状及发展前景进行了讨论。金融经济系统的群体行为是隐藏在许多复杂经济现象背后的驱动力,定量理解金融经济系统行为是现代科学中一个极为重要的研究课题。现有的研究中大多用数理统计等传统方法来挖掘金融数据的特性,鲜有用金融经济系统群体行为融合股票高频数据来挖掘金融经济系统演化特征的研究。基于现有的股票交易动力学特性,本书按照不同的事件对股票的高频交易进行了系统的论述。应用人类群体动力学的研究方法来探讨扰动下的金融系统演化行为,将为股票价格波动的研究提供一个新的视角,也能够对金融风险管理的实际操作提供一定的现实指导。本书在整理过程中,对群体行为动力学建构的经济行为的内在动力学在不同事件下进行对比,并对交易行为的内生动力进行个案分析,以验证行为经济对内生动力的影响。

1.2.4　人类行为内生动力与复杂社会系统体制机制研究

　　人类的行为动力主要可以概括为本能动力、基础动力和高级动力三类。在社会系统,特别是复杂的社会系统中,人类行为的内生动力所展现的特征更需要被充分利用。作为一种新的形式系统,它所提供的概念、隐喻以及数据处理方法等,只是在某些方面修正了现代主义范式的不恰当性,补充了还原论的不足,但并未改变现代主义范式的一些核心观念。在继续开发利用好本能动力和初级条件动力的同时,人们更要充分挖掘复杂网络中行为的内动力资源,深入开发利用好高级动力特征。复杂社会系统中人类行为的内生动力演进过程,其实就是个体及群体行为在不同时间、不同地区和不同事件那里被不断建构的过程。

伴随互联网技术发展而产生的人类行为的海量电子足迹数据对复杂社会系统中的人类行为研究提出了新的挑战。借用语义探索互联网等大规模异构多源案例数据的计算理论和方法,可以构建多种不同的行为动力学模型,并以此来探究复杂社会系统的内生动力。

具体地,我们将复杂社会系统中人类行为动力学遭遇的挑战概括为忽视了社会系统思想层面的挑战、获取社会科学知识的传统方法的挑战,以及来自机械决定论的机器隐喻挑战,并对在中西方学界有关复杂社会系统的人类行为内在动因和外在推力争论中所形成的理论体系进行分析。

本书涉及的研究遵循"项目需求→实时数据仓库→理论与规范研究→理论模型构建→体制机制构建→总体目标"的总体技术路线,如图 1-1 所示,为复杂社会系统个体行为、群体行为和内生动力做出科学判断和合理瞻望,推进理解复杂社会系统内涵和外延的扩展延伸,基于数据爬取、数据融合及数据存储技术搭建社会复杂系统实时数据

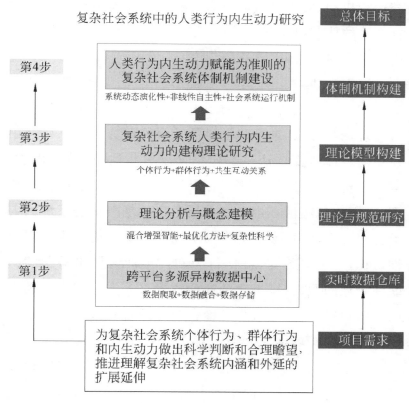

图 1-1 总体技术路线图

仓库,研究混合增强智能、最优化方法及复杂性科学等理论,实现相应的理论分析与概念建模,进一步联合统计与机器学习算法挖掘个体行为、群体行为及其共生互动关系规律,突破复杂社会系统人类行为内生动力的建构理论研究,最后研究系统动态演化性、非线性自主性以及社会系统运行机制,实现以人类行为内生动力赋能为准则的复杂社会系统体制机制建设,支撑复杂社会系统中的人类行为内生动力研究。

本书的研究以社会学实验作为专业背景,借鉴社会学、大数据、人工智能、行为动力学及行为经济学等相关学科的理论与方法,进行跨学科的综合性研究。本书研究中使用的具体研究方法主要包括文献分析法、比较分析法、案例分析法、现实检验法、信息研究方法及系统分析法,从理论、方法与实证三个维度系统考察了复杂社会系统的人类行为内生动力,形成对于复杂社会系统人类行为的规律性认识,对个体行为、群体行为和内生动力做出科学的判断与合理的假设,指出复杂社会背景下人类行为内生动力的一般路径选择,是行为理论在推进理解复杂社会系统内涵和外延的扩展延伸。

本书从"公共事件""智能交通""行为经济学"等角度对人类行为动力学与内生动力进行了深入解析,以此来厘清本项研究的边框。本书从"个体的行为模式"和"群体的行为模式"两方面讨论了人类行为动力学概念的广泛性,系统梳理了人类行为动力学在社会科学领域的使用情况。此外,本书比较了"内生动力"与"外在推力"等知识体系中的人类行为作用及其在使用中存在的问题,重点就人类行为特性背景中的内生动力基本形式、表现方法及个体行为影响与群体行为影响的关联进行了分析。本书也提出了基于人类行为特性的内生动力建构由个体内生动力建构和群体内生动力建构构成,个体内生动力建构逐步构成了群体内生动力的内核建构,而群体内生动力建构则是个体内生动力的外观建构。

第 2 章 人类行为动力学赋能复杂社会系统问题的理论机理研究

人类行为动力学是一种定量的社会科学,它一方面描述了信息和思想流与人类行为之间可靠的数学联系,另一方面帮助我们理解思想是如何通过社会学习的机制从一个人流动到另一个人,以及这种思想的流动是如何最终形成组织、复杂社会系统和社会的规范、生产力和创造性。人类行为动力学重点研究人类行为的时间规律、空间规律以及对传播动力学的影响及建模问题。研究人类行为动力学在复杂社会网络中的公共安全、智能交通、行为经济学领域中影响的个体及群体行为,不但可以帮人们预测各种组织甚至整个复杂社会系统的生产力,还可以帮助人们更可靠地做出正确的决策,对管理复杂社会网络效用有着重大意义。

2.1 人类行为内生动力理论机理及其赋能人类管理活动的基本原理

内生动力的定义是在目标或对象的引导下,激发和维

持个体活动的内在深层次的心理过程或内部动力。内生
动力是一种潜在的内部心理过程，不能被直接观察到，但
可以通过任务选择、努力程度、活动的坚持性和言语表示
等行为进行推断。

　　马斯洛需求层次理论由亚伯拉罕·马斯洛于 1943 年
提出，如图 2-1 所示，其基本内容是将人的需求从低到高
依次分为生理、安全、社交、尊重和自我实现 5 种需求。马
斯洛需求层次理论是人本主义科学的理论之一，它不仅是
一种动机理论，也是一种人性论和价值论。根据马斯洛需
求层次理论，人类最初的驱动力是生物性，由生理需求引
发自然驱动，即每个人都需要呼吸、水、食物、睡眠、生理平
衡等，这些都是最初级的驱动力。

图 2-1　马斯洛需求层次理论

随着社会的进步,驱动力逐渐升级,出现了奖惩机制,也称为"如果-那么"型奖励。在古代,如果想让一头驴按要求前进,就需要在它前面放一根萝卜吸引它,同时用一根棒子在后面恐吓它。这种"萝卜加大棒"的奖励惩罚并存的激励政策就是外在驱动力。它适用于简单机械的推算型工作,在这类工作里面,"萝卜加大棒"这种激励因子是相当有效的。

然而,心理学家哈利·哈洛教授用恒河猴做过一个关于学习行为的实验。他把 8 只恒河猴关进一个放有有趣装置的笼子,要解开这个装置只需要 3 个步骤:拉开立销、解开挂钩、掀开盖子。这个装置对于人类而言一目了然,十分简单,但是对于一只仅有 7kg 左右重的猴子而言,其实是比较困难的。工作人员把这个装置放到笼子里,什么都不做,观察猴子的行为。结果发现,在实验人员没有给它们任何暗示或者指示的情况下,将这个装置放在了猴子的笼子里,猴子们一看到这个装置就开始专心致志地琢磨起来,并且很快弄明白了应该如何使用。

那么,问题在于猴子为什么要打开这个装置。从传统的驱动力来说,这个装置既不能吃也不能喝,打开了也没有奖励或者惩罚,为什么猴子还要打开它呢?

面对上述现象,哈洛教授大胆提出了第三种驱动力的存在:内生动力,即完成任务本身所取得的成绩。猴子发现使用这个装置本身很好玩,这本身就是驱动它的力量。

所以,当我们有想做好一件事的欲望时,就产生了内生动力。

2.2　行为动力学管理

行为动力学管理的工作流程分为行为动力学规划、行为动力学搜集、行为动力学提取、行为动力学存储和行为动力学检索。

2.2.1　行为动力学规划

行为动力学规划包含硬件、软件、能力和资源等方面的规划。行为动力学规划的作用是界定行为动力学需求,确定行为动力学方向,将其应用于实践并不断地接受反馈以调整研究方向;明确决策者的行为动力学需求,找出可能得到这些行为动力学的信息源。

2.2.2　行为动力学搜集

随着信息分析处理技术的发展,行为动力学搜集工作已由过去的主要依靠秘密力量搜集逐步转为主要利用公开途径搜集。当社会进入信息时代和智能时代以后,人工智能技术在行为动力学搜集、分析和可视化方面有了长足的进步和发展。随着时间的推移,我们开始看到炒作逐渐变少,基于数据分析和人工智能(Artificial Intelligence,

AI)的决策被越来越广泛地使用。

随着越来越多的公司采用 AI 技术,我们将进一步看到工作人员与基于 AI 的解决方案进行交互扩展。尤其是在分析非结构化数据时,人们可以教会 AI 单词和句子的本质,并在文本中将概念和要点组合在一起,然后以合适的格式将信息提供给业务用户;在理解大规模文档的内容时,AI 可以减轻人工审阅者的繁重工作量,并帮助他们更快、更高效地完成工作。

2.2.3　行为动力学提取

行为动力学提取可以将新闻、报告、图片、视频等非结构化行为动力学数据转换为结构化数据。面向突发事件的应急决策,互联网、物联网等平台上涌现了海量、异构、多模态的跨媒体行为动力学数据,这些不同模态或媒介的行为动力学数据在语义上相互关联,其语义内容和关联关系将为当前突发事件的应急决策提供数据和语义支持。多源异构的互联网行为动力学数据从内容上包括文本、图像和视频等多种模态数据。从关联关系上,这些多模态数据相互共生、紧密关联。尤其社会媒体数据的发展,促使各种模态的媒体数据和用户评论在互联网上通过社区形成更加密切的关联关系。因此,行为动力学数据的提取和知识挖掘面对的不再是单一模态、孤立的媒体数据,因此我们需要研究跨媒体行为动力学提取与知识挖掘方法。

2.2.4　行为动力学存储

行为动力学存储是按一定的利用目的将行为动力学加工并存储到某种介质的方法,行为动力学数据的存储管理经历了人工管理、文件系统、数据库管理系统三个阶段。过去十年,行为动力学规模呈现指数式增长,行为动力学数据的结构及其类型呈多样化,行为动力学的存储及处理变得愈加复杂。相关行业应对数据爆炸式激增及硬件从纵向扩展到横向扩展转变的方法,通常会牺牲数据一致性等属性,以便使检索系统在数据量不断增加的情况下仍可保持快速的查询响应,但这并非万全之策。传统的行为动力学存储技术已无法满足相继出现的结构化、半结构化、非结构化等形态行为动力学的存储需求,更无法满足对海量行为动力学进行整理、交叉分析、比对、深度挖掘等行为动力学处理的需求。

为此,行为动力学的存储技术需要开拓新的思路,将集群技术、网络存储技术、分布式计算技术、虚拟化技术等有效结合起来,为计算机协同存储工作提供保障,利用多台计算机提供更全面的行为动力学存储服务。新的大数据存储管理方式与传统的关系数据库管理系统类似,例如用于在线事务处理(On-Line Transaction Processing,OLTP)的解决方案和结构化、半结构化数据的数据仓库等。目前国内外使用的一些能够处理海量行为动力学的存储技术有分布式文件系统、NoSQL 数据库等,这些技术在处理大规模的非结构化和半结构化数据方面具有独特的优势。

2.2.5　行为动力学检索

　　行为动力学检索指利用检索工具或数据库,来查找用户所需信息的过程行为的动力学集合。从发展过程来看,行为动力学检索先后经历了手工行为动力学检索、机械行为动力学检索、计算机行为动力学检索及网络行为动力学检索 4 个不同阶段。

　　随着信息化的不断完善和用户交互性需求的不断增强,海量行为动力学数据由此产生,新的时期也对行为动力学检索系统提出了更高的要求。国内行为动力学检索工作起步较晚,技术性研究较为薄弱。国外的相关研究侧重行为动力学检索的方法,国内重要文献则偏重行为动力学检索系统的设计,检索技术和工具多集中于一般说明和比较分析方面。目前国内行为动力学检索研究的高载文期刊有《行为动力学杂志》《图书行为动力学工作》《行为动力学科学》《线代行为动力学》《计算机工程》《计算机科学》等,行为动力学检索领域的核心期刊主要分布在图书行为动力学和计算机科学两个学科领域。

　　汪晓岩等人发表的《面向 Internet 的个性化智能信息检索》提出了一种面向互联网的个性化智能信息检索系

统。该系统采用二层 Agent 结构(首层为用户接口 Agent,
次层为信息检索管理 Agent)、多模块之间在线交互机制
与集中浏览相结合的检索方法,有效解决了互联网行为动
力学检索中经常出现的"信息过载""资源迷向"等问题,既
可自成系统用于个人个性化智能行为动力学检索,也可嵌
入其他智能行为动力学检索系统中作为检索接口。该系
统普遍适用于互联网、电子商务等分布式系统中的信息检
索,具有较高的理论及应用价值。

　　武成岗等出版的《基于本体论和多主体的信息检索服
务器》,将本体理论与智能主体相结合,提出了一种信息检
索服务器,包括界面主体、预处理主体、信息处理主体、信
息搜索主体、信息管理主体 5 大主体。

　　在大数据、云计算等新兴技术理论的驱动下,行为动
力学规划、行为动力学搜集、行为动力学提取、行为动力学
存储和行为动力学检索等行为动力学管理工作也在不断
发生新的进展,对智能行为动力学的产生和发展至关
重要。

2.2.6　人类行为动力学赋能人类管理活动的多维类别

　　人类行为泛指人的一切行动。布鲁纳(Bruner)认为,
行为即有机体的作为及其行动,包括内在的、私密的、能被
观察到的。从进化论的角度解释,则可以把行为看作有机
体适应环境,并满足自身需求的反应方式,这类反应方式

或者反应系统包括外显的可被观察到的活动,如表情、语言、动作等;也包括内在的生理变化,如肌肉收缩、血压升降、腺体分泌等。

关于人类行为的本质,学界的观点众多,社会学家强调了广义行为的概念,认为外在行为是人类价值观和态度的展现。行为主义学派认为,行为是由刺激引起可被观察且测量的反应。刺激可来自外部环境,例如,受强烈阳光刺激时人会眯起眼睛;刺激也可来自机体内部,例如,性激素的分泌使个体性行为的频率增高。精神分析学派则提出,要理解人类行为必须探索人的潜意识系统,本能在很大程度上决定了人类行为。

团体心理学家库尔特·勒温(Kurt Lewin,1951)最早基于系统论,把行为定义为个体与环境交互作用的结果。勒温提出人类行为的基本原理的表达式为

$$B = f(P \cdot E)$$

在公式中,B 代表人类行为;P 代表个体,包括一切内在因素;E 代表环境,即人类行为(B)是由个体(P)与环境(E)交互作用所产生的函数或结果。这里的"个体"和"环境"是两个相互关联的变量。

基于整合的观点,我们可以把人的行为看作个人为了适应和满足自己的需求而进行的一种行为或回应。人类行为主要指的是作为个体的人的各种心理活动变化及其展现出的各种行为特征,而个体行为则会受到社会、他人

和亲密社会团体的影响。

1. 人与社会的关系

社会是一个通过互动而存在和发展的包含各种过程的有机复合体。社会是一个统一体,在这个庞大的互动系统中,它任何部分的变化都会不可避免地影响这个有机体中的其他部分。人与社会的关系是相互依存、相互制约、相互影响的。人离不开社会,社会离不开人,人的发展与社会的发展相互促进。

2. 镜中自我

美国社会学家、社会心理学家 C. H. 库利在《人性和社会秩序》(1902)一书中提出"镜中自我"的概念。库利认为,人的自我意识是在与他人的交互过程中通过想象他人对自己的评价而产生的。在与他人的交往过程中,首先,人们想象自己在他人眼中的形象如何;其次,人们想象他人会对自己的形象产生何种评价;最后,人们根据他人对自己的评价形成自我感觉。犹如人们可以在镜子中看到自己的形象,人们也能从他人对自己的判断和评价这面"镜子"中发展出自我意识,并根据镜子里的这些形象是否与我们的愿望一致而产生满意或不满意的心情。同样,通过他人这面镜子,也就是通过他人的反映和评价,我们可以看到自己的风度、行为、性格等是否合适,是否需要改正与完善。我们基于对他人关于我们形象评价的想象及某种自我感觉，产生了我们的自我认识。因此，人的性格不是遗传而来的本能，而是在社会交互的过程中逐步习得、形成的社会性产物。

3. 首属群体

首属群体（primary group）指的是人际关系亲密的社会群体，亦称初级群体、直接群体或基本群体。从人类历史发展的过程来看，首属群体是最早出现的一种群体类型，它指的是那些亲密的、面对面的交往以及有直接互动或合作的群体。这些群体主要包括家庭、邻里以及儿童游戏伙伴等。首属群体是对个人的成长发展影响最深远的群体，很多积极和消极的品质都是在首属群体中获得并强化的。

2.2.7 人类行为动力学核心技术及赋能与社会管理活动

从 20 世纪 60 年代开始，美国学者格伦·埃尔德（Glen Elder）以其独到且全面的时间观，提倡生命历程视角，重点从人的心理发展、人生历程、社会变迁三方面进行了研究，并提出了按年龄划分人的社会结构和具体的同龄人的观点。通过对不同年龄阶段人群的深入剖析，我们可以理解社会变迁对个人的影响。生命历程视角从个体生命轨迹发展的基点出发研究和解读社会，在方法论上是一种全新的研究方式。社会工作者可以由此得到方法论上的启发,从三维的空间领域按时间序列去观察个人和环境的双向动态影响过程,从而得到研究人类行为与社会环境相互关联的另一视角。

为了进一步说明"转变"是如何将环境要求与人类主动性联系在一起的,埃尔德提出了 5 种联结机制:社会需求机制、控制循环机制、强调机制、相互联系机制和生命阶段机制。借助这 5 种机制,我们可以寻找到合适的视角来进行整合性的研究。

1. 社会需求机制

社会需求机制指的是社会规定或情境对个体的要求。规制或要求越多,就越容易出现为了迎合角色期望而产生的个体行为。例如在某种灾难性事件对社会全体成员的共同威胁下,人们会形成对安全或其他事物的公共需求,平时冲突严重的个体在这种背景下也可能趋向彼此合作,如美国的"9·11 恐怖袭击事件"后人们对恐怖主义的普遍谴责和抗议,以及发生地震时全民同心协力抗震救灾等。

2. 控制循环机制

当人们刚进入转变阶段时,对周围环境的控制力通常会下降。这种转变会使资源、目标和成就之间出现分化,分化程度与失去控制的可能性成正比。对控制丧失的预期和体验会促使个体努力恢复控制，一旦恢复，个体的期望或要求就会提高，从而激发另一轮控制的循环。

3. 强调机制

转变对于个体来说也是一种选择，经历转变后，个性中原有的某些特质可能会被放大。通过这一机制转变体验可以使个体获得与过去的一种联系。

4. 相互联系机制

相互联系机制认为，转变效应是间接对有关联的"他人"生命来实现的。人际网络为个体的整个生命历程提供了有形无形的支持。

5. 生命阶段机制

根据生命阶段机制，转变效应与所处的生命阶段有密切关系，我们可以从不同生命阶段的变化来分析人与环境之间的匹配程度。生命历程视角为我们提供了一个动态地观察人类行为发展全过程的极好视角。它为注重静态划分系统层次，为分析子系统之间相互影响的生态系统论增加了一个必不可缺的时间维度，从而使生态系统更加完善。

借助这 5 种机制，我们就可以转变为切入点，多角度地分析个体、社会、历史三个层面的事件在个人生命历程中的反映。若转变发生或被安排在适宜的时机就会非常受欢迎,如果发生在不适宜的时机就会降低相互联系的生命之间的支持,减少个体之间可以利用的联系和资源。

2.3　人类行为动力学赋能的内生动力实现机制

2.3.1　人类行为与社会关系

在一个真实社会中,"人"是作为一个系统存在的,人类行为包含生物、心理和社会三方面;当我们观察一个个体的行为表现并思考其原因时,应当从这三方面去综合把握,哪怕忽略其中的任何一方面,都是片面的、武断的,都不利于问题的理解和解决。人类行为动力学的数学研究表明,解决这个问题的最好方法是改变社会网络,以减缓其中新策略的传播。

2.3.2　内生动力作用与机制

内生动力可以简单地概括为支撑力、牵引力、推动力。内生动力是动力的主要方面,这种动力是从组织本身内部发出,从内因方面激发的,内因决定着动力的强弱与持续时间。支撑力保证动力产生的各种资源是否具备,指的是能否支撑起整个组织正常运转的能力。牵引力是最有效的动力,也就是奖励,即什么样的目标才能激发主体的内在动力,牵引着组成部分朝着一个方向发展,提高整个组织的凝聚力和向心力。推动力主要受主体本身的精神、文化等方面的条件影响,即是否具有推动自身不断完善的能力,也是一个系统能够长久延续的基本条件。支撑力是基础,没有支撑力,就失去了动力存在的依托;推动力是条件,没有推动力,整个机制就会停滞;牵引力是核心,没有牵引力,动力机制就不会显现它的持续性与有效性。因此,三者之间是一种相互作用、互为依托、相互需要的关系,只有三部分有效配合,才能使整体效果达到最佳。

内生动力与行为是紧密关联的,内生动力是推动人类行为的直接力量。内生动力存在于各个个体的机体内部,而激发内生动力的诱因往往存在于机体的外部。内生动力作用指的是内生动力与诱因相互作用而产生行为的全部过程。内生动力不仅是一种内部刺激,也是个人行为的直接原因,内生动力必须有明确的目标,目标引导个体行为的方向,并为之提供原动力。内生动力为个人的行为提出目标,为个人行为提供力量,使个人明确其行为的意义。不仅如此,内生动力在心理学上一般被认为涉及行为的发端、方向、强度和持续性。内生动力是为实现一定目的而行动的原因;是推动个体从事某种行为活动,并朝一个方向前进的内部动力;是人们的愿望兴趣、理想表现出来激励人们活动的主观因素。内生动力是个体的内在过程,行为是这种内在过程的外在表现。在组织行为学中,激发人的内生动力的心理过程即为激励。激励的目的是激发组织成员的内生动力,调动他们工作的积极性,激发他们工作时的主动性和创造性,从而提高组织的工作效率。

2.4　人类行为与大数据

2.4.1　人类行为大数据的市场需求分析

人类行为电子足迹大数据必将在未来的大数据产业中发挥作用,并在复杂社会系统中有效应用。其中,人类行为电子足迹大数据挖掘已成为主流应用之一,其应用需求已渗透到金融、医疗、消费、电力、制造等各个行业,其新产品、新技术、新服务也正在不断地涌现。例如,百度公司在大数据预测领域的应用已经涵盖了高考预测、疾病预测、城市预测、景点预测等多个领域,票房预测、就业预测和金融预测等大数据预测产品也将在未来问世;阿里巴巴集团利用大数据技术开展了精准营销、信用评估、小额信贷等一系列业务;来自实时数据的精准推荐还可应用于新闻客户端、视频推荐、音乐推荐、游戏道具推荐等。

2.4.2　人类行为电子足迹大数据在内生动力发展中的地位与作用

大数据产业以"数据"作为核心生产要素,其内生动力包括数据的生成、采集、传输、量化、挖掘、形成数据服务，并对其他行业进行价值输出。大数据产业链的主要成员包括数据提供商、汇集/存储提供商、计算能力提供商、统计分析服务提供商等。大数据内生动力发展要解决的关键技术主要包括大数据汇集技术、大数据云计算平台技术、大数据挖掘技术三方面。其中人类群体行为可实现抽象的、虚拟的、动态可扩展的、可管理的问题解决方案，为内生动力提供高效的"大数据服务"。

人类行为电子足迹大数据挖掘是大数据产业的主流应用之一，人类行为电子足迹大数据将面向内生动力成员需求，以大数据云计算平台技术为基础，实现资源整合、结构优化、服务高效的云服务体系，带动以人类行为电子足迹大数据为核心的内生动力发展。人类行为电子足迹大数据处理与分析技术为各应用领域的系统研发提供共性关键技术平台化支撑，能够提高人类行为电子足迹大数据相关核心关键技术成果的应用转化效率，也能提高相关应用系统的研发效率，改进相关领域的资源配置效率，降低运营及维护成本等。

2.5　人类行为的数据搜集

大数据技术远比我们传统印象中的要复杂。它不仅是一项与数据存储相关的技术，更是一个融合了海量数据相关的抽样选取、集成、分析、解释技术、管理的宏大框架生态系统。数据搜集加工是数据分析过程中的关键基础技术,其目标是从多元数据空间的海量数据中搜集原始数据,利用数据间的关系将多种数据组合,经由数据融合加工过程,根据不同任务需求抽取出相关数据信息。

数据搜集是通过各种方式获取所需数据的原始数据。数据搜集的途径、模式对于体现信息本身价值具有非常重要的作用,也体现了数据价值的重要性。它是数据机构获取可靠、高价值信息资源的一种重要基础。

2.5.1　数据源

人们在科研活动、生产经营活动和其他活动中产生的成果和各种原始记录,以及对这些成果和原始记录加工整理得到的成品都是借以获得数据的"源泉",简称数据源。数据源一般可分为文献数据源和非文献数据源两种形式。非文献数据源通常指口头数据、实物数据等非记录性数据,其特点是传播速度快,但是存在数据类型多样,不易存储保管等缺点。文献数据源指各种类型的文献,重要的文献数据源有图书、期刊、报纸、科技报告、会议文献、专利文献、学位论文、政府出版物、档案、标准化文献、产品样本等。从内容上来区分,文献数据源又可分为系统内数据、社会面数据和开源数据。数据源的获取结果对整个研究工作至关重要。在数据爆炸的今天,如何从海量数据中获得有效数据,如何以更高的效率分析所需要的数据,是业内不断探讨的议题。

1. 系统内数据源

系统内数据是指国家各个系统内的数据和各公司的内部经营数据,包括系统部署的检测和防护系统,安全信息和事件管理产品,恶意软件检测工具,文件完整性检测软件的警报,以及操作系统、网络、服务和应用程序的日志等。

国家各个系统内的数据包括:

(1)外交数据;

(2)国防数据;

(3)国家公共资源数据,如教育系统、医疗系统;

(4)公安数据,如公民信息;

(5)财政数据;

(6)自然资源数据,如国土信息;

(7)交通数据,包括水、陆、空等交通数据。

2. 社会面数据源

社会面数据主要指公众可以搜索到的、有权浏览的数据,包括以下几类。

(1)媒体数据:如图书、期刊、报纸、杂志、网络社区、电视节目等。

（2）政府公开数据：如政府报告、新闻发布会、政府公示信息（如统计年鉴）等。

（3）专家学者数据：如学术会议产生的报告、讲座、研究成果、专利等。

（4）网络社区和用户交互数据：网络社区（如微博、推特、脸书、微信）等产生的数据。

（5）产品服务数据：GIS 服务（如百度地图等）的交通状况、热力图等数据。

3. 开源数据

开源数据（Open-Source Intelligence，OSINT）指从公开数据源中采集并被用于数据环境的数据，其中公开数据源指非隐蔽或秘密信息来源，这些非敏感数据被用于分析以往数据学中的机密、非机密或专有数据需求，主要应用于国家安全、执法和商业数据分析等场景。随着通信和网络技术的发展，OSINT 可以从公开的、非机密的来源获得大规模可操作、可预测的数据。

开源数据可分为以下 6 类数据源。

（1）媒体：如报纸、杂志、电台和电视等。

（2）网络媒体：如网络出版物、博客、论坛和自媒体、社交媒体网站等。

（3）政府公开信息：如政府报告、财政预算、新闻网站、电话簿等。

（4）专业和学术出版物：从会议、专题讨论会、学术论文、学位论文中获得的信息。

（5）商业数据：如商业数据库、商业图像、金融和工业评估数据。

（6）其他文献：如技术报告、预印本、专利、工作底稿、商业文件、未发表的作品、通讯稿件。

OSINT 信息搜集与传统数据学科信息搜集不同，在传统数据学科中，获取原始数据是主要难题，尤其是从非合作目标获取数据。在 OSINT 中，主要困难是从大规模公开信息中去伪存真，获取真实原始数据，并且利用数据关联关系分析有效数据信息。

2.5.2　网站监控

网站监控指实时对数据源网站进行监控，通过周期性地发送请求，模拟数据人员的网页浏览行为扫描监控网站列表，从而实现对关注站点的实时监控。通过链接签名技术和链接比对技术可以判断所关注网页是否已更新，如果出现更新，则重新下载更新页面并存入页面信息库；反之，则进行下一轮的扫描。通过页面内容分析技术，可以对下载到的更新页面信息进行分析和理解，如该信息符合信息报警提示的条件，则进行报警提示处理。在网站监控过程中，周期越短，扫描频率越高，对于信息的更新发现延迟就越短，实时性越强。

2.6　人类行为的数据预测模型

数据模型(data model)是数据特征的抽象,是数据库管理的形式框架,也是数据库系统中用以提供信息表示和操作手段的形式构架。实际上,所有的数据挖掘技术都是以概率论和统计学为基础的。朴素贝叶斯模型是表查询模型中一种非常有用的泛化模型,表查询模型通常适用于较低的维度,而朴素贝叶斯模型允许更多的维度加入。线性回归和逻辑回归分析技术也是最常见的预测建模技术。回归模型用于表示散点图中两个变量之间的关系,逻辑回归分析技术扩展了多元回归以限制其目标范围,例如限定概率估计。分层回归模型也是常用的数据模型,该模型可将回归应用于个人客户,在许多以客户为中心的数据挖掘技术之间搭建桥梁。

2.6.1　数据融合

随着协同开发和资源管理的新方法、新概念的提出,信息融合技术不断得以完善和提高,但用户依然要给信息融合系统提供有价值的输入信息,以利于上下文推断和态势感知。根据融合发生的处理阶段,数据融合过程通常分为低、中、高三个级别。低级数据融合结合了几个原始数据来源来生成新的数据,其目标是融合后的数据比原始数据更有信息性和综合性,例如"传感器融合"。高级数据融合包括态势评估、影响评估和流程细化。

在现有的大多数数据融合系统中,来自图像和传感器的数据可用于表示事件的置信度量。这些数据可以是数值表示,也可以是符号表示。数值表示用于量化信息的特性,如不确定性、不准确性、不完整性,这些数据特性都是信息融合过程中必须考虑的因素。实际上,数据融合的主要任务之一是通过减少不精确性和不确定性并增加完整性,将来自多个来源的信息组合在一起,从而比仅来自一个来源的信息做出更好的决策。带有置信程度的事件与当前的决策问题密切相关,例如它们可能是某个特定结构的存在或不存在(例如卫星图像中的道路、医学图像中的肿瘤)、某个点或集合对某一类别的隶属关系或对某个对象的检测等。

置信度通常取它们在一个真实的封闭区间内的值,并根据所选择的数学框架以不同的方式建模。置信度是基于概率和贝叶斯理论的数据融合方法中的概率,模糊集理论中的模糊集隶属度,可能性理论中的可能性分布、可能性或必要性函数,类 MYCIN 系统中的确定性因素,在 Dempster-Shafer 证据理论中的质量、置信或似真性函数。

数据融合方法具体包括传统推理、贝叶斯推理、Dempster-Shafer 证据理论、人工神经网络、布尔代数表达式派生的投票逻辑、模糊逻辑。

2.6.2　特征融合

特征融合方式处于整个系统的中间层次,是对不同特征信息进行综合分析处理的方法。在大多数信息融合系统中,融合技术的研究均在特征级展开:通过提取原始观测数据中的目标特征,然后进行相应的融合计算,得到最终的识别或跟踪结果。

当多模态信息来自紧密耦合的传感器或同步的模态信息,特别是当这些信息是针对同一内容而又不互相包含时,特征融合方法能最大限度地保留原始信息,因而理论上可达到最佳识别效果。多特征直接拼接会造成新特征空间不完备、融合特征维数大幅增高,其降维后最终得到的特征物理意义不明确,理论研究有很大缺陷。

特征融合理论研究尚在初始阶段,是极富挑战性的研究课题,但这一领域的潜力已引起各国学者的关注与思考。2005 年,特征融合的价值初露端倪,在重要期刊与会议上出现多篇相关论文,研究的焦点逐步从其可行性分析转变为对其实用性的验证,从应用技术转向基础理论问题的探讨。其中 Ross 更是将特征融合问题分离出来,并呼吁各国学者对其进行理论建模研究。虽然缺乏一致的定义与理论解释,但有一点可以肯定——随着信息融合层次的增高,丢失的信息也越多,对于两类的问题来讲,到最后决策层只有 1 比特,也就是二值的问题。原始数据所含信息量最大,往往存在很多的冗余信息,而维数过高也会导致模式识别问题中的维数灾难(curse of dimensionality)。而在特征级上,消除了冗余的信息后,就能得到有较好区分性的特征。所以特征级上的信息融合技术正成为目前研究的一个热点。

现有的特征融合技术可细分为两个基本类别。一个是基于特征选择,首先将所有特征集分组在一起,然后使用合适的方法进行特征选择;另一个是基于特征提取,多个特征集被组合为一组特征向量,这些特征向量被输入特征提取器中进行融合。特征提取和特征选择统称为降维(dimension reduction)。这两者达到的效果是一样的,就是试图去减少特征数据集中的属性(或称为特征)的数目;但是两者所采用的方式方法不同,特征提取的方法主要是通过属性之间的关系,如组合不同的属性得到新的属性,就改变了原来的特征空间。特征选择的方法是从原始特征数据集中选择出子集,是一种包含的关系,没有更改原始的特征空间。

2.6.3 数据加工与训练模型

数据加工指融合多源海量的数据,并将其转化为可被操作的智能数据的过程。具体地说,数据加工是处理来自单个和多个数据源的数据或数据组合,以及数据间的关系,实现精确定位和特性预估,并完成对危险态势和重要性的及时评估的过程。数据加工集成了多个数据源以产生比任何单个数据源提供的信息更一致、更准确、更有用的信息,其特点是根据任务需求增加搜集的数据源,并且通过不断的预估和评价算法修正数据加工过程,以达到更好的结果。

设训练数据集为 D,$|D|$ 表示其样本容量,设有 j 个类C_j,$k = 1,2,\cdots,j$,$|C_j|$ 为属于类 C_j 的样本个数,$\sum\limits_{j=1}^{j} |C_j| = |D|$。设特征 A 有 n 个不同的取值$\{a_1, a_2,\cdots,a_n\}$,根据特征 A 的取值将 D 划分为 n 个子集D_1,$D_2,\cdots,D_n$,$|D_i|$ 为D_i 的样本个数,$\sum\limits_{i=1}^{n} |D_i| = |D|$。记子集$D_i$中属于$C_j$的样本的集合为$D_{ij}$,即$D_{ij} = D_i \bigcap C_j$,$|D_{ij}|$ 为D_{ij}的样本个数,于是信息增益的算法如下。

输入:所需要的训练数据集 D 和表示特征属性A。

输出:特征 A 对训练数据集 D 的信息增益。

(1)计算数据集 D 的经验熵 $H(D)$。

$$H(D) = -\sum_{j=1}^{j} \frac{|C_j|}{|D|} \log_2 \frac{|C_j|}{|D|}$$

(2)计算特征 A 对数据集 D 的经验条件熵 $H(D|A)$。

$$H(D \mid A) = \sum_{i=1}^{n} \frac{|D_i|}{|D|} = -\sum_{i=1}^{n} \frac{|D_i|}{|D|} \sum_{k=1}^{k} \frac{|D_{ij}|}{|D_i|} \log_2 \frac{|D_{ij}|}{|D_i|}$$

(3)计算信息增益。

$$g(D|A) = H(D) - H(D|A)$$

提高树的深度可以得到更确切的模型,而这与预期的内生动力模型图大致相同,同时模型的复杂度会随着决策树的深度越来越复杂。但是,树的深度对模型训练的精确度也有一定的影响,树的深度越大,其拟合程度越严重,即会产生较多的影响。

在使用 k-means 算法聚类时,k 值的选择十分重要,肘部法则和轮廓系数可以方便我们选出最佳的 k 值,并基于以下方法实现。

(1) 对所获特征进行筛选。将特征值进行分类,联系目标值的相关程度将其分为有效特征值与无效特征值。过多的特征值参与训练容易出现多维灾难的问题,且会降低代码的运行速率及模型过拟合的缺陷,故此步是关键。此处采用 Filter 过滤法对现有特征值进行逐步筛选,过滤无关特征值及冗余特征值,并留存有效相关特征值,以对模型进行更好的准确度提升训练。

(2) 对提取特征后的数据进行算法建模。对于所选数据集有目标类别的二分类特征,选用贝叶斯模型进行构建与预测。先对所用数据集做标签值与特征值的分类处理,并按相关比例进行训练集和测试集的划分,之后构建贝叶斯模型将训练集用于模型训练,对模型进行准确度的测试并进行验证,得出最终预测数据。

2.7　信息对称是管控复杂社会系统的必由之路

人类的一切管理活动都以信息为依据。复杂社会系统管控机理是最大限度地满足信息对称,因此,信息是复杂社会系统管控的前提,与其说是管控复杂社会系统,还不如说是搜集整理与复杂社会系统相关的各种信息。由此,最大限度地满足信息对称,才是复杂社会系统管理的机理。

人类行为动力学赋能了复杂社会系统管控所必需的信息对称系统。人类行为动力学本身是信息技术发展的结晶,无论是公共账本,还是信任机器,以及智能合约,都建立在信息数字基础上。建立在人类行为动力学平台上的信息系统与管理活动中的所需要的信息是相互对称的。这既是信息技术时代推动复杂社会系统管控要求,也是中国特色社会主义体制能够快速应用人类行为动力学管控复杂社会系统的巨大优势。

第 3 章　公共治理内生动力理论机理及其定位

由于社会媒介的普及,人们的社会行为能够在即时的状态下被感知,群体行为动力学能够有效地从群体的角度研究公共危机突发事件下的群体心理应激反应及有效分析群体心理应激的具体过程,使得定量分析成为可能。对突发事件的影响进行定量分析,能够为人们在紧急情况下的行为模式的研究提供一定的依据。

3.1　复杂社会系统公共治理理论发展

公共治理作为人类社会的一种治理活动,并非是此刻才有的。自从产生了国家及其附属物——政府公共部门,政府公共部门与社会公众之间的关系也随之产生,也产生了公共领域和公共事务,因此也就产生了治理社会公共事务的实践活动。20 世纪 70 年代与 80 年代之交的新公共治理运动拓展了一个全新的范式——公共治理。作为一种系统的理论,公共治理最初的形成是以 1887 年威尔逊的论文《行政学研究》的发表为标志的。公共治理理论的进展和变迁一方面受到社会进展实践的推动,另一方面也得益于相关学科的理论进展。公共治理经历了从公共行政到新公共治理的转变。

3.1.1　公共行政

传统公共行政时期是从 1887 年威尔逊的论文《行政学研究》的发表到 1968 年弗雷德里克森等一批年轻行政学学者召开的布鲁克会议之前的时期。外生与行政二分理论、官僚制理论、科学治理理论组成了传统公共行政时期的三大支撑理论。外生与行政二分理论是传统公共行政确立进程中重要的理论基础,它不仅使公共行政作为一个独立的学科与研究领域从外生学中分离出来成为可能;同时,它还组成了公共行政理论与实践进展的一条重要线索,并对其造成了庞大且不可磨灭的阻碍。在斯坦因和布隆赤里外生与行政两分理论思想萌芽的基础上,威尔逊明确提出了外生与行政两分的观点,即外生与行政两分法,正是在此意义上,威尔逊被认为是行政学的开创人,而论述其观点的论文《行政学研究》被认为是行政学正式产生的标志。威尔逊关于外生与行政的区分是以确立行政学区分于外生学的独立学科身份和研究领域为目的的。威尔逊认为,行政学从外生学中取得独立与诞生,与 19 世纪末期的美国有着必然联系。他说道:"行政科学是已在 2200 年前开始显现的外生科学研究的最新功效。它是本世纪(指 19 世纪),几乎确实是我们这一代人的产物。"威尔逊认为,行政学诞生于 19 世纪末的缘故在于,在此之前,实践的进展尚未达到使独立的行政学与行政研究成为必要的程度。19 世纪末期,实践中政府活动的复杂程度已空前增加,通过一门独立的、专门的行政科学来指导实践已经变成必需。

3.1.2　新公共治理

新公共治理是由英国学者斯蒂芬·奥斯本等人提出的一种理论和管理模式,奥斯本认为,在公共行政、新公共管理之外,可以有一种新的模式,这种模式要求多元主体在相互依赖、协商合作和充分信任的基础上共同开展公共服务。奥斯本认为新公共治理是公共管理的一种新范式,它反映了在后现代情境之下公共服务管理的特点,即公共服务的生产由公共、私人以及第三部门的多元化的公共服务组织通过多元化的过程来完成。

新公共治理理论提出"产品主导逻辑"向"服务主导逻辑"的转变,奥斯本认为需要超越公共服务组织网络本身,站在全局的角度看待整个公共服务系统,才可能真正理解公共服务提供的本质。公共服务是一个整合性的系统,而非孤立的产品,不仅包括公共部门、私人部门和社会组织等公共服务组织,还包括社会公众,包括服务使用者及其家庭、地方社区、软硬件技术条件以及资本基础。

新公共治理共同生产的生产方式要求各社会部门之间是合作关系,新公共治理的服务导向要求公共服务的生产者与使用者在服务提供上是互动的。

各社会部门在公开、公平、开放的原则下参与和管理公共事务,通过构筑多元主体间的强制与自愿、正式与非正式的合作治理机制,依靠合作网络的权威来达成共识,缓解政府和市场的失灵,实现和谐的社会关系。

一个国家就是一个复杂社会系统,因此有必要进行有关社会风险的认知和行为规律的研究。这项研究的目的是要有能力将复杂社会系统的公共治理行为冲突控制在一定范围之内。在任何一个国家的现代化进程中,都必然会出现社会利益结构全方位、大面积调整的情形,进而必然会催生大规模、复杂多样的行为冲突。所以,在现代化建设的推进过程中,国家应当基于社会公正的基本理念,建立起相应的制度安排,以可控的方式化解已有的复杂社会系统的公共治理行为冲突,使社会各个群体的利益诉求能够保持一种相对平衡的局面,循序渐进地推进现代化建设。对于任何一个国家来说,有效化解相应的复杂社会系统的公共治理行为冲突,并防范复杂社会系统的公共治理行为冲突的升级,都是十分重要的。

3.2 公共治理的边际模型及分析

3.2.1 公共治理初始行为动力学模型的建立

近年来,群体行为模式特征的研究在人类行为动力学学术界产生了广泛关注。群体行为模式特征自身的高度复杂性和多样性使其对行为的研究充满巨大的挑战。这里所说的群体行为模式特征主要关注的是日常生活中群体的行为模式。从研究目标来讲,群体行为模式特征通过分析挖掘群体日常行为的相关数据,从而建立相对应的动力学模型。在研究方法方面,群体行为模式特征研究通过真实客观的大数据,利用复杂网络、排队系统等模型给出定量化的分析结果。在技术路线方面,群体行为模式特征研究遵从"观察→数据获取与分析→统计规律挖掘→建模再现数据规律"的循环,不对数据进行人为篡改干预,从而真实客观地反映出数据的所揭示的规律。

我国突发公共事件应急管理领域专家范维澄院士2007年指出,"我国应急管理基础研究最近 5～10 年内迫切需要研究解决的关键科学问题,主要包括五大板块:应急管理体系的复杂性科学问题、应急心理与行为的科学问题、突发公共事件的信息获取及分析的科学问题、多因素风险评估和多尺度预测预警的科学问题,以及复杂条件下应急决策的科学问题。"本章关注点为第二板块——应急心理与行为的科学问题中的灾害动态演变过程对人员行为能力的影响机理。利用人类常规及报警通信数据集，从中挖掘出人类通信行为的时间、空间、社交等维度的统计特征，以及人们在遭遇公共安全等突发事件情况下的演化模式，探索突发事件对人类通信行为模式影响的内在规律性，构建人类通信行为的事件影响动力学分析模型，并将其应用于突发事件影响程度的预测和人群社会属性划分。

面临突发事件，人们容易产生恐慌情绪，主要是在危机事件面前，因为时间的紧迫性和事件的不确定性，公众的认知通常会降低，识别能力和判断能力也会随之降低，进而产生恐慌情绪。在这种压力事件的刺激下，公众无法满足自身需求，便会出现心理应激反应，这是一种本能的反应，主要表现为心理行为以及生理、情绪的异常。一系列的研究发现，在突发事件对群体心理行为的研究上，人们多采用定性的分析方法，以惶恐、焦躁、盲从等负性情绪为主，缺少定量的分析。总之，对心理应激的研究方法主要是实证研究，只能找到应激的相关因素，但对心理应激的具体过程缺乏可视化的分析，目前国内外对该领域的研究还存在很大缺陷与进步空间。群体行为动力学能够有效地从群体的角度研究公共危机突发事件下的群体心理应激反应，并有效分析群体心理应激的具体过程，使定量分析成为可能。

　　行为动力学的组织管理是对数据资源、行为动力学资源、角色等的组织和管理。智慧社会背景下，随着信息技术和网络环境的变化，尤其是智能技术的飞速发展和智能化应用的广泛普及，人们对行为动力学的组织管理提出了新的要求，也催生了行为动力学组织管理的变革，迈向更加智能化的阶段。首先，行为动力学组织体系正在发生改变，独立式的行为动力学个体活动与各层制的行为动力学组织活动都将被融合到网络化体系中，转向智能融合式的、网络式的结构模式，形成新的智能行为动力学组织体系。其次，从体制方面来看，在智慧社会背景下，源数据组织模式、信息资源组织模式、行为动力学组织模式以及行为动力学服务组织模式等多方面的组织工作发生了重大变革，同时角色管理发生重大转变，人力资源、信息资源等资源要素整合重组。

　　Karsai 等人在对多种复杂系统事件的时域相关性分析的基础上提出了一个双状态记忆影响模型，认为时间序列在模式上分两个状态，即普通状态和激活状态，普通状态中事件与事件之间的间隔时间较长，而激活状态的事件与事件之间的间隔时间较短。

　　可以通过设置一定的约束参数使得事件生成过程在两种状态间相互转换，从而产生阵发序列。运用手机通信数据及交通传感器数据所进行的实证研究发现，人类的空间运动模式存在着一些不同于连续时间随机游走模型

（CTRW）的标度异常现象,具体包括:

（1）个体访问地点的数量随时间呈幂律增长,幂指数低于具有相同步长和停留时间分布的 CTRW 模型所预测的结果;

（2）个体访问的地点中,各点被访问的频率呈幂律分布,而在 CTRW 模型中各点的被访问概率呈相等情况;

（3）个体访问点的均方位移(MSD)随时间增长的速度比对数增长还要慢,这些标度异常现象无法用 CTRW 模型进行解释。

在很多人类动力学的研究中,人们在突发事件中的人类行为主要是通过手机数据研究的。我们对在网络群体事件下的一定时间段内人类行为的定量理解包括在发生线下群体事件前后,网络群体的反应,发生地和其他地区在网络中的反应。这些数据对于预防网下群体事件的发生是非常有必要的。因此,在迅速变化的或不熟悉的条件下对人类行为和社会交往的定量研究是一种特殊的需求。以往的研究表明,手机可以在异常事件中作为人类行为的原位传感器,发现异常事件的发生导致触发那些目击事件人的通信活动大量上升的现象。更特别的是,通信峰值在紧急情况时在时间上和空间上具有局限性,这说明通过影响个体社会网络的信息流已经成为蔓延的态势感知和信息传向大众人群的重要手段。

3.2.2 不同价值观理念下人类行为动力学模型拓展变化

为了揭示非常规情况下群体行为模式的特征,近些年一些学者开始研究在异常事件发生过程中基于移动手机打电话行为的模式。他们的研究发现,紧急事件会引发目击这些紧急事件的人社交活动显著的增加(如打电话、发短信等),并通过研究手机信令网络量化了紧急事件信息的传播速度。Altshuler 提出了一种在紧急事件发生过程中动态分析社区演变的方法。Dobra 等人通过使用众包给出一套检测紧急事件发生的系统。

人们每天参与大规模不同种类的活动,从发邮件、处理订单到参加娱乐活动等。人的行为非常复杂,无法用一种方法或一种模式来描述人们的行为。至今出现了很多种人类行为动力学模型,本节对其进行简要总结。

1. Barabasi 模型

Barabasi 等人提出,人类动力学中的阵发性源于一个由人的决策驱动的排队过程:在给定多个任务和按优先参量进行选择的情况下,等待时间分布将遵循幂函数分配。

Barabasi 模式是这样定义的:一个任务清单包含了 L 项必须完成的工作,并且在新的任务被添加到该清单中时,将其作为一个概率密度函数。清单的起始状态 $t=0$,添加了 L 个新的任务。在各个离散时刻,当 $t>0$ 时,按概

率 p 选取一个具有最大优先级的任务,并以 $1-p$ 的概率随机选取一个任务来接收服务。当一个新的任务被添加到清单中时,将被选中的任务从清单上删除。控制参数 p 在 $p=0$ 时的随机选择规则与 $p=1$ 时的最高优先权首选规则之间变动。这个模型即有优先权决策的任务队列,可以通过添加新的条件或者改变模型参数的取值使其适应不同的实际情况。例如,现实中人们的许多任务即便优先权再低也不可能无限期地等待,随着时间的推移必定会变为一种"不能再拖"的状态,这种情况可以通过引入一种优先权指数随着时间 t 单调增加的老龄化机制来解决。这种情况下,低优先权的任务会在长时间等待后具有较高的优先权,同时系统服务率也是关于优先权指数的单调递增函数,从而解析得到了系统中等待任务数量的幂律分布。另外,任务执行的截止时间和等待成本也十分贴近实际的改进。

2. 截止时间对动力学模型的影响

人们每天有很多不同的事情要处理,一般人们所要执行的任务都需要在一个特定的时间段内执行完毕,Barabasi 模型中并没有讨论这一要素,所以我们需要选择一个大规模数据的分布式文件系统来存储这些日志文件,此处是基于 Hadoop 的 HDFS 存储数据。

为了方便进行数据分析,要将这些日志文件的数据映射为一张一张的表,为了提高数据处理的性能,可以使用Hive来构建数据仓库,这些数据都通过 Hive 进行处理,因为 Hive 可以将数据映射为一张一张的表,然后就可以通过编写 HQL 来处理数据了,不仅简单、快捷,而且高效。为了区分以上这些数据,可以将这些数据对应的表分别保存在不同的数据库中。

3. 基于自适应兴趣的人类动力学模型

用排队论模型去解释人类行为取得了一定的成功,但是还有很多的行为尚未被给出充分解释,例如对于网页浏览、电影点播、玩游戏等可自由进行时间安排的行为,它们更多是被个人的兴趣或欲望所驱动,所以人们提出了一个基于兴趣改变的人类动力学模型,并通过数值模拟和解析进行研究,得到了幂指数为一1 的时间间隔分布。上述两个模型都是时间离散的,而实际情况中时间变化是连续的,这是它们的不足。

4. 记忆对动力学模型的影响

随着不同模型的建立,这些机制中缺少了类似记忆特征的人类属性。考虑一个人和这个人需要频繁处理的特殊活动,例如发送邮件。人们在给定的时间内处理事件依赖以前活动的历史。通过加速或减慢先前活动的决定速率,人类能够更精确、更直观地感受到其活跃程度。

Vazquez 等人认为,在过去活动的直观感觉可以由平均活动率给出。人们可以根据这个直观感觉确定加速或减速我们的活动率。设 $\lambda(t)\mathrm{d}t$ 是人们在时间 t 和 $t+\mathrm{d}t$ 之间执行这个活动的概率,则

$$\lambda(t) = a\ \frac{1}{t}\int_0^t \mathrm{d}r'\lambda(r')$$

对于任意给定的 a,方程的解为

$$\lambda(t) = \lambda_0 a\left(\frac{1}{t}\right)^{a-1}$$

其中,λ_0 是在时间周期 T 内到达事件的平均数。分别用

$$F(\tau) = \mathrm{Prob}(X < \tau)$$

和

$$f(\tau) = \frac{\mathrm{d}F(\tau)}{\mathrm{d}\tau}$$

表示事件间隔时间分布和它的概率密度函数。在整个时间周期积分获得

$$F(\tau) = \int_0^t \mathrm{d}t\ \frac{\lambda(t)}{\lambda_0 T}(1 - \mathrm{e}^{-\lambda(t)\tau})$$

对于稳态过程($a=1$),我们获得一个事件到达时间间隔服从指数分布

$$F(\tau) = 1 - \mathrm{e}^{-\lambda_0\tau}$$

的 Poisson 过程。当 $a > 1$ 时,在加速机制下这个概率密度函数表现出幂律

$$f(\tau) = \frac{1}{\tau_0} \frac{a}{a-1} \Gamma\left(\frac{2a-1}{a-1}\right)\left(\frac{\tau}{\tau_0}\right)$$

当 $1/2 < a < 1$ 时，$f(\tau)$ 没有幂律性质；当 $0 < a < 1/2$ 时，在减速机制下这个概率密度函数也表现出幂律

$$f(\tau) = \frac{1}{\tau_0} \frac{a}{1-a} \Gamma\left(\frac{1-2a}{1-a}\right)\left(\frac{\tau}{\tau_0}\right)^{-a}$$

从数学的观点记忆意味着活动率由积分方程描述，这是导致幂律的关键因素。

3.2.3 突发事件的动力学模型诠释

突发事件情况下，个体对其他个体行为的依赖性比较大，也就是说，个体的行为选择是对大众的模仿，或者过度依赖舆论，而不是依据自己掌握信息的理性决策，因此行为容易被引导，或是被煽动。

要研究被手机数据所涵盖的实际事件，就需要确定它们发生的时间和地点。当研究在以前的研究中被确定的事件时，作者用谷歌本地新闻服务（news.google.com）来搜索某地区范围内的新闻和移动电话数据集的时间，如"紧急""灾难""音乐会"等关键词，用来发现潜在的新闻故事。重要的事件，如爆炸、地震和音乐会突出覆盖在社会媒体。关于这些报告的研究通常会给出确切时间和这些事件的位置。

这里将通信融入公共安全中，并将通信节点融入传播

动力学中,详细过程如下:

如果一个 S 节点和已感染的节点 I 接触,根据信任度,那么将以概率 P 转变为 E 状态;一个 E 状态的节点在不接触其他节点的状态下以概率 ε 转变为 I 状态,以概率 γ 转变为 S 状态;

模型假设 t 时刻,网络节点个数为 $N(t)$,处于 4 个状态的节点个数分别为 $S(t)$、$E(t)$、$I(t)$ 和 $R(t)$,则可以得出

$$S(t)+E(t)+I(t)+R(t)=N(t)$$

假设节点 j 在 t 时刻是 S 状态,设概率 P_{ss}^{j} 为 $[t,t+\Delta t]$ 时刻节点 j 保持 S 状态的概率,概率 P_{se}^{j} 为节点 j 在 $[t,t+\Delta t]$ 时刻由 S 状态转变为 E 状态的概率,则有 $P_{ss}^{j}+P_{se}^{j}=1$。

P_{ee}^{j} 为节点 j 在 $[t,t+\Delta t]$ 时刻保留 E 状态的概率。P_{es}^{j} 为节点 j 在 $[t,t+\Delta t]$ 时刻由 E 状态转变为 S 状态的概率,P_{er}^{j} 为节点 j 在 $[t,t+\Delta t]$ 时刻由 E 状态转变为 R 状态的概率。则有

$$P_{ee}^{j}+P_{er}^{j}+P_{es}^{j}=1$$

根据定义节点状态 S 转变到状态 E 的概率为 P,因此,

$$P_{se}^{j}=\Delta t p(t)$$

其中

$$P(t)=g\beta\frac{I(t)}{N(t)}$$

g 表示一个 E 状态的感染节点向 S 状态的易感染节

点或者 R 结果转变的概率, β 表示这个节点的度, $\dfrac{I(t)}{N(t)}$ 表示已感染节点在 t 时刻占网络中所有节点个数的比例, $P(t)$ 的取值范围为 $[0,1]$。

由上式得出

$$P_{se}^{j} = g\,\Delta t\beta\,\frac{I(t)}{N(t)}$$

$$P_{ss}^{j} = 1 - g\,\Delta t\beta\,\frac{I(t)}{N(t)}$$

同样地,如果节点 j 在 t 时刻是 I 状态,此处定义 P_{ii}^{j} 为节点 j 在 $[t,t+\Delta t]$ 保持 I 状态的概率, P_{ie}^{j} 表示节点 j 在 $[t,t+\Delta t]$ 转变为 E 状态的概率,得出结果如下:

$$P_{ii}^{j} = g\,\Delta t\varepsilon$$
$$P_{ie}^{j} = 1 - gP_{ei}^{j} = 1 - g\,\Delta t\varepsilon$$

如果节点 j 在 t 时刻是 E 状态,此处定义 P_{ee}^{j} 为节点 j 在 $[t,t+\Delta t]$ 保持 E 状态的概率, P_{er}^{j} 表示节点 j 在 $[t,t+\Delta t]$ 转变为 R 状态的概率, P_{es}^{j} 表示节点 j 在 $[t,t+\Delta t]$ 转变为 S 状态的概率。类似地,有如下公式:

$$P_{ee}^{j} = g\,\Delta t\varepsilon$$
$$P_{ei}^{j} = g\,\Delta t\gamma$$
$$P_{es}^{j} = 1 - gP_{ei}^{j} - gP_{ee}^{j} = 1 - g\,\Delta t\varepsilon - g\,\Delta t\gamma$$

从上述公式中可以得出,在 $[t,t+\Delta t]$ 时刻,状态为 S 的节点的表达式为

$$S(t+\Delta t)=S(t)-gs(t)P_{se}=S(t)-gS(t)\Delta t\beta\frac{I(t)}{N(t)}$$

同样,可以得出在 $[t,t+\Delta t]$ 时刻,状态为 I、R、E 的节点的表达式为

$$R(t+\Delta t)=R(t)-gI(t)P_{ir}=R(t)-gI(t)\Delta t\varepsilon$$

$$I(t+\Delta t)=I(t)-gE(t)P_{ei}-gI(t)P_{ir}$$

$$=I(t)+gI(t)\Delta t\varepsilon-I(t)\Delta t\gamma$$

$$E(t+\Delta t)=E(t)+gS(t)P_{se}-E(t)P_{ei}-E(t)P_{es}$$

$$=E(t)+gS(t)\Delta t\beta\frac{I(t)}{N(t)}-gE(t)\Delta t\varepsilon-$$

$$gE(t)\Delta t\gamma$$

对公式进行变形操作可以得出:

$$\frac{S(t+\Delta t)-S(t)}{\Delta t}=-g\beta\frac{S(t)I(t)}{N(t)}$$

在公式中,当 $\Delta t\to 0$ 时,有

$$S'=-g\beta\frac{S(t)I(t)}{N(t)}$$

可以得出:

$$R'=g\gamma I(t)$$

$$I'=g\varepsilon E(t)-g\gamma I(t)$$

$$E'=g\beta\frac{I(t)}{N(t)}S(t)-g\varepsilon E(t)-g\gamma E(t)$$

其中,$g\in[0,1]$,表示的是危机情况下传播的信任度,g 值越大,就意味着在危机情况下,人们将虚假信息发给其他

个体的概率越高。

此处讨论的信任度是同一群体间内部的信任度和不同群体之间的成员的信任度，并用基于熟人圈子的 QQ 空间数据和陌生人微博上的数据进行验证。在同一群体间，信任度可以用 PTM 模型来表示：

$$g_a = \left(1 - \frac{A_N}{\text{Total}_a}\right) \cdot W_a^m$$

其中，Total_a 为双方交互总次数，A_N 为双方交互负行为的次数，W_a 为交互权重，发生正行为时为 1，发生负行为时为 0.5，m 为当前的安全水平因子。这里可以看到，信任度其中的一个权值是和交流次数有一定关系的。

3.3　人类行为动力学基于公共安全的验证

110 是中国大陆及台湾地区报警电话号码，大陆地区 110 电话除负责受理刑事、治安案件外，还接受群众突遇的、个人无力解决的紧急危难求助等。警方可以采集人类常规报警通信数据集，从中挖掘出人类通信行为在时间、空间、社交等维度上的统计特征，及其在遭遇公共安全威胁等突发事件情况下的演化模式，探索突发事件对人类通信行为模式影响的内在规律性，构建人类通信行为的事件影响动力学分析模型，并将其应用于突发事件影响的预测和人群社会属性划分在突发事件影响程度的预测，这样的预测也有助于帮助人们理解突发事件对人类通信行为模式影响的规律性。鉴于报警数据的有效性,这里采用 110 报警数据来验证人类行为对安全的影响。

3.3.1　警情分析研究现状

近些年关于 110 警情分析研究如下:杨建军、张勇坚等人通过使用温特斯法对 110 警情变化进行了应用初探,在他们的研究成果中提出了 110 警情变化的影响因素,其中指出了社会治安防控工作与对 110 警情的变化有内在关系。陈春东、杜浸在《基于时间序列分析模型的公安警情分析和应用》中采用时间序列分析中的 ARIMA 模型,基于某市盗窃案件的历史数据建立数学模型,并预测其发生趋势,文中提到,ARIMA 模型对短期预测的拟合度较高。李耕勇等人基于 BP 神经网络进行了对网络报警预测的研究分析,研究主要预测了网络报警是否是误报现象。丁红军提出了使用基于 Elman 神经网络的 110 警情预测模型,该模型具有很强的非线性映射能力,相比 BP 神经网络具有更高的准确度。

受先前研究的启发,我们基于地区、街道、社区、地块 4 种不同粒度和"110 报警事件""110 处警事件" 2 种不同事件进行分析,根据我国某主要城市居民的 110 报警数据来预测当地的犯罪活动。通过犯罪预测,我们可以更有效地实现警力资源、人力、物力的合理配置,对警力部署和警力巡逻具有重大的意义。

3.3.2　警情分析信息源及数据挖掘维度

使用 110 报警数据作为犯罪预测的信息源面临诸多挑战,根据日常经验可知,针对同一件异常紧急事件,往往会有多个目击者拨打报警电话进行求助,从报警记录来看会显示来自多个不同报警电话的记录,但是从处警记录来看,往往派出所只会进行一次处警行为。但是,更加困难的是报警类型分为很多种,有些类型如刑事案件、交通案件等符合上述描述现象,然而对于民事纠纷、举报投诉等一些影响范围仅局限在家庭等较小范围的案件类型,可能会存在另外一种报警和处警之间的关系。最后,我们对城市-街区域或更精确的地块粒度下的预测犯罪感兴趣,报警数据如何被汇总成地区、街道、社区、地块四个粒度,以支持此类分析(先前工作调查的地域更宽,例如城镇级别)尚不清楚。这些因素对数据分析来说难以加工。在各种阶段中,110 数据的研究及犯罪预测技术(例如温特斯法)取得了研究进展,通过对在实际决策支持系统中可能影响报警使用的影响因素,可以判断它们之间的相关性,包括对报警内容更深入的语义分析、时间建模及辅助数据源合并。本研究对关注报警个人用户所在的社区的决策者有特别的指导意义。

110 报警数据附加着精确的时空坐标,为扩大用报警数据的预测分析的决策支持系统提供了数据支撑。报警数据是决策支持的理想数据源：它以数百万用户报警电话为依据，记录了各种报警的犯罪类型及相关的出警记录。本章展示了使用附加时空坐标及社区安全模型来进行预测社区犯罪的研究。我们使用报警数据所在的时空特性分析及统计，建立社区安全指数模型，然后将这些社区发生的犯罪并入一个犯罪预测模型中，并且表明，我们研究了有记录的 25 种犯罪中的 19 种，通过对群体行为模式的研究，通过建立社区安全指数评估模型，在报警数据的基础上对社区犯罪进行了预测。

从人类常规及报警通信数据集中挖掘出人类通信行为的时间、空间、社交等维度的统计特征，及其在遭遇公共安全威胁等突发事件情况下的演化模式，探索突发事件对人类通信行为模式影响的内在规律性，构建人类通信行为的事件影响动力学分析模型，并将其应用于突发事件影响的预测和人群社会属性划分，在理论上有助于理解突发事件对人类通信行为模式影响的规律性，在突发事件影响程度的预测和人类的社会属性分析及分类上具有潜在的应用价值。

3.3.3　警情分析评估模型

评估模型推荐结果是否科学，最常用的方法是评估其准确性、精确度、召回率及 F1 Score 等。要理解这三类评估方法,首先要理解混淆矩阵,如表 3-1 所示。

表 3-1 混淆矩阵

真 实 情 况	预 测 结 果	
	正 例	反 例
正例	TP(真正例)	FN(假反例)
反例	FP(假正例)	TN(真反例)

评估模型的准确性,常用的方法是平均绝对误差
(MAE)和均方根误差(RMSE),二者基于预测评分与实际
评分之间的差来评估模型预测的质量。

公式为

$$\text{MAE} = \frac{1}{n}\sum_{i=1}^{n} |x_i - m(x)|$$

平均绝对误差(MAE)中,n 为样本数量,x_i 为样本中
每个样本实际值,$m(x)$ 为对应样本预测值,MAE 为全部
样本实际值与预测值的偏差之和与样本量之比。

$$\text{RMSE} = \sqrt{\frac{1}{n}\sum_{i=1}^{n}(x_i - \mu)^2}$$

其中 μ 为精确度(查准率),即预测结果中正确分类为
正样本的样本数量与所有分类为正样本的样本总数之比,
通常被用来评价预测是否准确,即精确度越大,推荐精度
越高。例如用户搜索宽松 T 恤时,计算出现的推荐页面中
有多少比例的内容是符合用户偏好的,公式如下:

$$Precision = \frac{TP}{TP + FP}$$

召回率(查全率)为真实情况中分类为正样本的样本数量与分类为正样本的样本总数之比,通常被用来评价是否全面,即召回率越大,推荐内容越全面。同样以搜索宽松 T 恤为例,召回率通俗来说就是用户感兴趣的宽松 T 恤类型中有多少被检索出来了。计算召回率的公式如下:

$$Recall = \frac{TP}{TP + FN}$$

精确度(查准率)与召回率(查全率)是互相矛盾的。精确度较高时,召回率往往偏低,而召回率较高时,精确度却偏低。基于此,F1 Score 兼顾精确度与召回率,是二者的调和平均。其定义为

$$\frac{1}{F1} = \frac{1}{2} \times \left(\frac{1}{P} + \frac{1}{R} \right)$$

$$F1 = \frac{2 \times P \times R}{P + R}$$

通过了解内生动引擎相关的知识,参照评估模型,获取数据并准备好实验所需的环境条件,进行数据预处理、转换、训练,从而可以得到预测模型。

3.3.4　警情分析预测

道路网分布图主要是由城市各道路相互联络,交织成网状的城市交通结构图,可以体现城市中各地区道路集中

程度。道路网密度可以用来描述区域内的道路长度及平均分布情况,体现城市道路供给水平,为分析城市交通运行情况提供参考依据,也为城市道路管理与控制措施的制定提供基础数据。本节通过对城市兴趣点与报警数据之间的相关性分析,结合人类群体出行规律,对社区安全性进行分析。

本文中社区安全指数 $ind_{community}$ 的定义是将每一类警情事件预估量乘以相应报警事件的危害权重后得到的社区安全指数,如以下公式所示:

$$ind_{community} = \sum_{i=1}^{n} p_{call\_i} \times weight_i$$

最后将计算得到的每一个社区归一化安全指数进行分类,判断该社区的安全性。

接下来进行相关性分析。表 3-2 及表 3-3 给出了本节中的相关属性对应的代码,方便给出相关性分析结果。

表 3-2　报警数据代码表

报 警 数 据	代码
Total Number of Alarms(报警总数)	X1
Total Number of Criminal Alarms(刑事案件总数)	X2
Total Number of Public Security Alarms(公共安全案件总数)	X3
Total Number of Traffic Alarms(交通事故总数)	X4

报　警　数　据	代码
Total Number of Alarms by the Masses for Help（大众求救总数）	X5
Total Number of Theft Alarms（偷窃案件总数）	X6
Total Number of Robbery Alarms（抢劫案件总数）	X7
Total Number of Homicide Alarms（杀人案件总数）	X8
Total Number of Fraud Alarms（假警报总数）	X9
Total Number of Extortion Alarms（敲诈案件总数）	X10
Total Number of Kidnapping Alarms（绑架案件总数）	X11
Total Number of Fight Alarms（斗殴总数）	X12

表 3-3　社区属性代码表

社　区　属　性	代码	社　区　属　性	代码
Population（人口）	Y1	Housing Prices（房价）	Y6
Number of shared bicycles（共享单车数量）	Y2	Number of bus stops（公交车站数量）	Y7
Area（地区）	Y3	Number of hospitals（医院数量）	Y8
The population density（人口密度）	Y4	Number of schools（学校数量）	Y9
Area per capita（人均面积）	Y5	Number of police stations（警局数量）	Y10

社 区 属 性	代码	社 区 属 性	代码
Number of banks(银行数量)	Y11	Percentage of road facilities(道路设施百分比)	Y16
Number of attractions(旅游景点数量)	Y12	Percentage of Greenland Plaza(绿地广场百分比)	Y17
Number of restaurants(餐厅数量)	Y13	Percentage of hospital land(医院用地百分比)	Y18
Number of supermarkets(超市数量)	Y14	Distance from city center(距离市中心距离)	Y19
Percentage of residential land(住宅用地百分比)	Y15		

接下来通过各街道报警间隔时间阵发系数和记忆系数来刻画人类报警时间特性,得到图 3-1。可以看到,均值点为 $B=0.086\,07$,$M=0.009\,544$,阵发性记忆性均接近于 0,发现街道群众报警行为存在着弱阵发弱记忆的特性。

在此基础上,可以运用相关分析方法,对 60 个街区的社区治安指标进行评价,并利用如下公式对各小区的治安指标进行测算:

$$\text{ind}_{\text{community}} = \sum_{i=1}^{n} p_{\text{call\_i}} \times \text{weight}_i$$

对上述公式进行归一化,得到表 3-4。

表 3-4 社区安全指数计算结果评估表

社区安全指数 （ind_normal$_{community}$）	社 区 数 量
$0 <$ ind_normal$_{community} \leqslant 0.3$	36
$0.3 <$ ind_normal$_{community} \leqslant 0.6$	18
$0.6 <$ ind_normal$_{community} \leqslant 1.0$	6

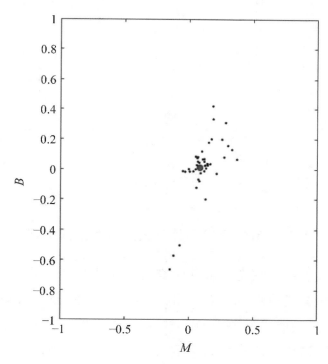

图 3-1 街道报警时间间隔的阵发性和记忆性

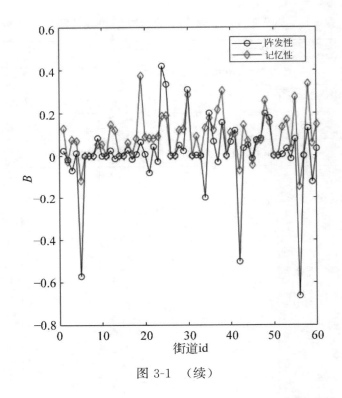

图 3-1 （续）

3.3.5 不同类型的突发事件下人类行为的应激研究

人们在面临突发事件时容易产生恐慌情绪，主要是因为时间的紧迫性和事件的不确定性导致公众的认知水平降低，识别能力和判断能力也会随之降低，进而产生恐慌情绪。这种在压力事件刺激下，自身的需求无法满足时，公众便会出现心理应激反应，这是一种本能的反应，主要表现为心理行为以及生理、情绪的异常。

随着因特网技术的发展和进步,人们在社交网络上的交流异常频繁,基本上已经取代了以往的书信、电子邮件、短信等通信方式。所以,针对移动端 QQ 空间的发帖行为和评论行为的研究可以从一个侧面来了解在突发事件的影响下人类动力学的时域特征。本节统计了 273 522 条发帖和 920 619 条评论交互记录,分析了用户在突发事件下的发帖、回帖时间间隔,反映了不同突发事件对人类发帖行为的阵发性和记忆性,并对人类的发帖行为进行了预测分析。研究发现,人们面对突发事件时,移动端 QQ 空间的发帖行为和互动评论行为的时间间隔可近似用幂律分布来描述,发帖和回帖的时间间隔分布是一个较为明显的重尾分布,且静默期较长,同时也随着时间流逝形成一个幂率衰减的趋势,最终随着突发事件的解决而趋于平静。当人类面对突发事件时,会有一个比原来更强的阵发性,而在记忆性上,人类甚至出现了反记忆性。最终结果不能很好地预测人类发帖行为,是由于人类面对不同突发事件的应激反应的不同。这些发现对以后的研究具有佐证和参考作用。

根据已有事件对事件实现探究是非常有必要的,根据事件来探讨内生的规律也是非常有意义的。

1. 自然灾害对人类行为的影响

以自然灾害为例,2012 年 5 月 10 日,甘肃岷县特大冰雹暴雨引发山洪致 49 人遇难。发生自然灾害时移动端 QQ 空间发帖的时间分布上,对应的 5 天时间间隔分布在幂指数值上呈现负相关的关系,如图 3-2 所示。重大自然灾害不仅会带来人员伤亡和财产损失,而且也给亲历灾害的受灾者带来了严重的个体、家庭和集体心理创伤。图 3-2 中显示,甘肃冰雹发生当天的活跃性与前后两天的活跃性相比,活跃性相对较高,但随着时间过去,活跃性明显降低,甚至在发生自然灾害当天有比其他两天有更长、更多段的静默期。最主要的原因就是在发生自然灾害(突发事件)时,人们受到来自自然灾害的压力,人们所处在的

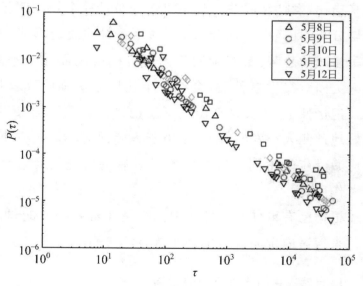

图 3-2 自然灾害影响人类发帖时间间隔分布

平衡被打破,对环境的适应度发生偏离,人们会更加关注此类信息。在突发事件刚发生时,由于突发事件的突发性、不确定性以及紧迫性等,个体心理会在瞬间受到一定的刺激,人们会对此有着更高的关注度,因此会先对该突发事件在网上进行广泛传播与交流,并花大规模时间对该地抢险救灾或者进行捐款救助。从图 3-2 可以得出,在发生自然灾害的情况下,人们会在传播相关信息之后尽早进入抢险救灾的状态,发帖时间的间隔静默期开始时间较普通事件较前,且结束静默期的时间较后。人类在自然灾害期间会有一个活跃的讨论期。图像尾部几个离散的幂率点,主要是由于大部分人应对自然灾害的心理相似,但仍有部分心理承受能力较弱的人,我们不仅要关注受灾地区人们的心理健康,也应该关注这些人的心理健康。但随着事态的变化,人们将会不再被吸引,会存在静默期,最终趋于正常。

图 3-2 中 x 轴表示人们在移动端 QQ 空间中发帖的时间间隔,y 轴为在 x 轴的发帖时间间隔下,发生的概率。

2. 突发事故灾难对人类行为的影响

以 2012 年 12 月 5 日广东省某内衣厂火灾为例,在发生突发事故灾难时移动端 QQ 空间发帖的时间分布上,对应的 5 组用户在幂指数值呈现负相关的关系。与发生自然灾害相似,发生突发事故灾难时,会有一段时间间隔比

普通时间更长的静默期。与自然灾害不同,内衣厂火灾的
情境下,人们由于更加倾向于关注身边的事,社会讨论更
加强烈,人们的心理应激水平较高,所以 2012 年 12 月 5
日较其他两天更活跃,人们积极参与评论、发帖,所以发帖
时间间隔并不会很长。可见在单一网络表达工具期间,人
们更加关注身边的人为造成的事故,也会更加积极地评
论。根据图 3-3 在突发事故灾难影响下人类发帖时间间
隔分布分析,可见在网络表达工具单一的时期,人们更加
关注身边的事故,做出了更多的评论。在发生突发事故灾
难时,理性的风险认知与评价是应对突发事件的基础,有

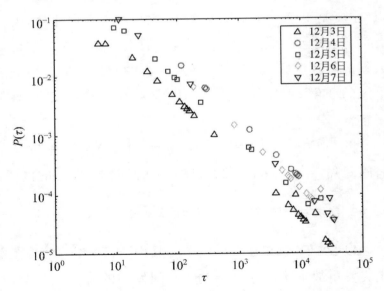

图 3-3　在突发事故灾难影响下人类发帖时间间隔分布

利于人们积极应对此类突发事故灾难，做好防护，给后来的人们敲响警钟。

3. 公共卫生事件对人类行为的影响

这里主要以 2009 年 8 月 13 日炭疽病突发事件为例，我们验证了不同的公共卫生事件中，人们在网络中的应急反应。从图 3-4 中可以得出：在发生公共卫生事件时，移动端 QQ 空间发帖的时间分布上，对应的 5 组用户在幂指数值呈现负相关的关系。在爆发炭疽病的 2009 年 8 月 13 日起，人们在社交媒体上面的评论幂律没有明显区别，可

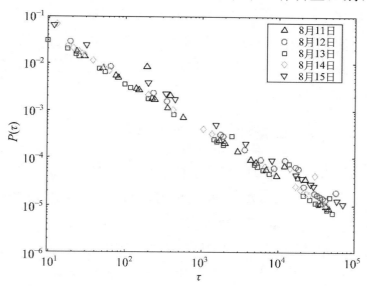

图 3-4　在公共卫生事件影响下人类发帖时间间隔分布

能的原因是信息来源单一及信息滞后,导致当天没有大规模的信息互动。但在稍后的时间里,人们对消息的回复更加及时,特别是在2009年8月14日以及8月15日。公共卫生安全事件是影响范围较广的突发事件,人们心理应激水平相较其他两天明显降低,可见在单一交流工具期间,人们对公共卫生事件还是较为敏感,人们的心理应激水平也会随事件对个人的影响而波动。由于发生公共卫生事件时,数据每时每刻都在更新,人们也每时每刻在关注事件的最新动向,会更加频繁地使用通信工具了解现状。近似指数型的尾部表示仅少量发帖的间隔时间是大于一天的,这些很可能是数据集中的个体遭遇不同突发事件的时间间隔。在应对公共卫生事件时,我们也应完善紧急备案,构建以人为本的应对机制,在网络中也不散播谣言造成恐慌。

4. 社会安全事件对人类行为的影响

以2012年6月29日歹徒劫机事件为例,在发生社会安全事件时移动QQ空间发帖的时间分布上,对应的5组用户在幂指数值呈现负相关的关系。社会安全事件的爆发在一定范围、一定时间内严重影响到社会关系的协调性和社会活动的组织性,人民的生命、财产安全和精神受到严重损失,正常的社会秩序遭到扰乱,社会公共安全受到严重威胁,甚至会导致经济发展严重倒退、社会混乱和政治动荡。在发生歹徒劫机事件的 6 月 29 日,人们在社交媒体上面的评论幂律没有明显区别,但是 6 月 30 日有着明显区别,这是由于社会安全事件一般都不会在当天作出详细报道。如图 3-5 所示,对人们在社会安全事件影响下发帖时间间隔分布进行分析,事件发生的第二天发帖数量较高,是因为在当天新闻媒体通过某些途径收取到准确消息并拟合成新闻报道,并在发生事件第二天进行报道,人们对此事件进行强烈讨论,所以在发生社会安全事件的后两天,人们在社交平台上的讨论比较多。此类事件的发生必将导致人民公共安全感的缺失,产生社会焦虑。我们要加

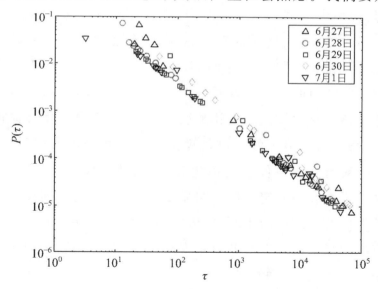

图 3-5　在社会安全事件影响下人类发帖时间间隔分布

强思想建设、加强社会管理、保障人民安全,以稳定人们心理。

5. 突发事件中人际交往行为比较分析

如图 3-6 所示,在突发事件情况下,移动端 QQ 空间发帖的静默期比普通事件更为长久。这可能是人类对突发事件有一个响应的过程,而在阵发的部分,移动端 QQ 空间发帖的时间间隔会比普通事件更为密集,更有胖尾的特征。这意味着此时,所有的人,不论从众性是高还是低,抑或是其经历的多少,都会产生心理应激反应,群体出现恐慌、焦虑的情绪。图 3-6 中,突发事件下的移动端 QQ 空间人类发帖、回帖时间间隔异于普通事件下的移动端 QQ 空间人类发帖、回帖时间间隔。对比突发事件下人类发帖回帖时间间隔与普通事件发帖回帖时间间隔,突发事件的整体幂律较低。也就是说,人群的环境态度整体倾向是消极的,且消极的人群规模远远大于积极的人群规模。公众对待突发事件感到担忧时,会出现消极行为,导致社会的恐慌和不安定。仿真图显示,群体经历的不同突发事件造成的心理应激不同,群体经历的压力事件少的人心理应激水平更高。在公共卫生安全事件(炭疽病)中,由于传染病传播面广,面对此次危机,相比于传播面较窄的社会安全事件,明显可以看出人们心理的应激程度高,且在危机事件结束后,心理恢复的时间也比较迟缓。

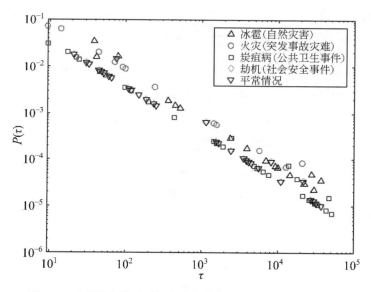

图 3-6 不同突发事件下人类发帖时间间隔分布对比

在幂律图尾部的离散幂律点,表示的是一些对突发事件的心理应激水平较差的人群,我们更应该关注这些群体的心理健康。

6. 突发事件中人类交流行为的阵发性和周期性

群体事件的发生大多对社会有危害性。事件的态势演化受到诸多因素的影响,而群体中的个体行为特征可以表征事态的演化进程。本节在研究了人类行为特征的基础上,构建了基于群体事件的人类行为评价指标体系,运用 AHP 模型对指标体系进行了处理,以 52 起群体事件为例,证实了指标体系构建的合理性和 AHP 模型的适用性。研究结果表明：群体事件态势的演化特征可以通过观测人类行为指标检测得到科学的预测,基于 Activity 准则、Interaction 准则和 Sentiment 准则的层次指标体系具有较好的适用性,可以为群体事件有效控制提供指导。

图 3-7 利用 (M,B) 相位图度量了前文所述的 4 个突发事件下,移动端 QQ 空间发帖行为的阵发性和记忆性,由图 3-8 可知,(M,B) 相位图均值点为 $(-0.176, 0.326)$,是具有强阵发性,弱反记忆性的。据实证研究,人类行为

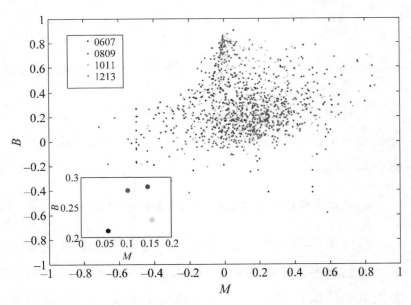

图 3-7　2006—2014 年 4 个突发事件引起移动端 QQ 空间发帖的阵发性和记忆性

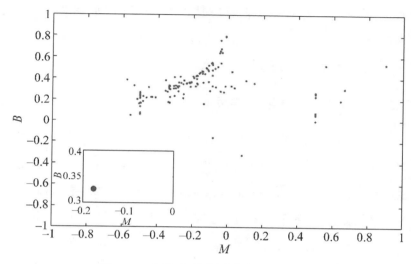

图 3-8　突发事件的阵发性和记忆性

是一个强阵发、弱记忆的行为。但在突发事件的影响下，人类发帖行为的阵发性较普通事件下的阵发性更强，而人类行为甚至出现了反记忆性。阵发性的加强是由于突发事件的产生会引起人们强烈的讨论与行为活动，导致人类活动变得异常。出现反记忆性则是由于人们对于突发事件的处理方式不像处理普通事件一样，而是通过判断紧急程度及响应需求来选择不同的应对措施，所以会有弱记忆性。

从以上分析中可以看出，各类发帖时间间隔分布均呈现不同程度的重尾特征。以上几种发帖行为都表现出长时间的静默期和短时间的活跃期交替出现的现象。与现有的研究结果相比,包括用户其他社交平台(如微博等)的发帖行为、手机发短信行为、QQ 聊天行为等,我们的实验结果与现有研究成果基本一致。

3.3.6　对于不可抗拒的突发事件研究

　　世界是有规律的,不一样的学科之间有着类似的定律,而本质上不一样的领域也会存在可通用的定律。地震,是一个会给人类和自然带来重大损失的灾害,而现阶段科学家还未完全掌握它的规律。重大的地震灾害具有影响广、毁坏性强、灾患严重等特点。地震中有时会发生道路中断情况,这时仅依靠地面人员的调查难以在短时间内全方位地获取到所需要的灾情信息。因此,如何有效地监测并预测地震对全世界在应对自然灾害的能力提升方面都是重中之重的。

　　地震是地壳在快速释放能量引起的振动过程中产生的一种自然现象。导致地震的大部分原因是地球上板块之间相互的挤压和板块之间的碰撞,导致板块边沿和中间内部的错位和分裂。

　　2021 年,中国大陆共发生 20 次 5.0 级以上地震,造成直接经济损失 107 亿元。根据统计结果显示,地球上每年发生 500 多万次地震和数万次地震。它们大多很轻微,人们只能微妙地感觉到它们的存在。对人类造成了严重伤害的,可能只有 10～20 次地震。地震仪就是用来帮助人类记录那些微妙的地震活动的仪器,世界各地有数千种不同的地震仪,日夜监测地震活动。人们将地震释放出来的能量转换为地震的震级。地震释放的能量越大,震级就会越高。地震震级之间的差值为 1 级时,其释放出来的能量差值约为 30 倍。震级差为 0.1 倍时,其释放出来的能量差约为 1.4 倍。根据数据显示,1995 年日本大阪神户 7.2 级地震(阪神地震)所释放的能量相当于 1000 颗第二次世界大战时美国向日本广岛、长崎投放的原子弹的能量。地震灾害是瞬间发生的,伤亡巨大,也容易引发火灾、有毒有害气体扩散等灾害。1906 年美国旧金山地震、1923 年日本关东地震和 1995 年日本阪神地震都引发了重大火灾。根据数据显示,1923 年的日本关东地震造成了近 14 万人的死亡,其中死于火灾的就有 10 万人。

根据已知的地震发展规律,人们可以用科学的方法预先估计未来地震的时间、地点和强度。因此,可在保证一定可靠性的前提下,向社会公布地震预报意见。科学的地震预报是未来地震预报的基础。

地震监测预报的理论方法是地震预报的主要方向,关系到人民的生命财产安全。20 世纪的地震波研究取得了许多成果,其中最重要的成就是利用地震波探测地球内部结构,人们已获得关于地球结构的基本认识。一次具有社会指示意义的真实地震预测中必须给出未来地震的时间、地点和震级,实用的预测方法必须具有较高的准确性。地震的监测能够有效预防财产和人员伤亡，减少灾害发生造成的损失。提前预警能够让人提早做出防范措施，对社会有非常重大的意义。根据已有事件对事件实现探究是非常有必要的，根据事件来探讨内生的规律也是非常有意义的。

本节通过决策树对全球发生的地震数据进行初步探讨和分析研究，不断调整模型的分类数、信息增益选择、决策树的最大深度来降低误差值，做出更完善的地震影响评估，改进设备，更好地监测并预测下一次地震灾害情况发生。根据决策树估算样本的协方差和标准差，可得到样本相关系数（即样本皮尔森相关系数），常用 r 表示：

$$r = \frac{\sum\limits_{i=1}^{n}(X_i - \overline{X})(Y_i - \overline{Y})}{\sqrt{\sum\limits_{i=1}^{n}(X_i - \overline{X})^2}\sqrt{\sum\limits_{i=1}^{n}(Y_i - \overline{Y})^2}}$$

r 还可以由 (X_i, Y_i) 样本点的标准分数均值估计得到与上式等价的表达式：

$$r = \frac{1}{n-1}\sum_{i=1}^{n}\left(\frac{X_i - \overline{X}}{\sigma_X}\right)\left(\frac{Y_i - \overline{Y}}{\sigma_Y}\right)$$

其中 $\dfrac{X_i - \overline{X}}{\sigma_X}$、$\overline{X}$、$\sigma_X$ 分别为 X_i 样本的标准分数、样本均值和样本标准差，n 为样本数量。

设训练数据集为 D，$|D|$ 表示其样本容量，设有 j 个

类 C_j，$k = 1, 2, \cdots, j$，$|C_j|$ 为 属 于 类 C_j 的 样 本 个 数，

$\sum\limits_{j=1}^{j} |C_j| = |D|$。 设 特 征 A 有 n 个 不 同 的 取 值 $\{a_1,$

$a_2, \cdots, a_n\}$，根据特征 A 的取值将 D 划分为 n 个子集 D_1，

$D_2, \cdots, D_n$，$|D_i|$ 为 D_i 的 样 本 个 数，$\sum\limits_{i=1}^{n} |D_i| = |D|$。

记子集 D_i 中属于 C_j 的样本的集合为 D_{ij}，即 $D_{ij} = D_i \bigcap C_j$，

$|D_{ij}|$ 为 D_{ij} 的样本个数，于是信息增益的算法如下。

输入：所需要的训练数据集 D 和表示特征属性 A。

输出：特征 A 对训练数据集 D 的信息增益。

（1）计算数据集 D 的经验熵：

$$H(D) = -\sum_{j=1}^{j} \frac{|C_j|}{|D|} \log_2 \frac{|C_j|}{|D|}$$

（2）计算特征 A 对数据集 D 的经验条件熵：

$$H(D \mid A) = \sum_{i=1}^{n} \frac{|D_i|}{|D|}$$

$$= -\sum_{i=1}^{n} \frac{|D_i|}{|D|} \sum_{k=1}^{k} \frac{|D_{ij}|}{|D_i|} \log_2 \frac{|D_{ij}|}{|D_i|}$$

（3）计算信息增益：

$$g(D \mid A) = H(D) - H(D \mid A)$$

提高决策树的深度可以得到更确切的模型，而这与预期的内生动力模型图大致相同，同时模型的复杂度会随着决策树的深度越来越复杂。但是决策树的深度对模型训练的精确度也有一定的影响，决策树的深度越大，其拟合

程度越严重,即会产生越多的影响,如图 3-9 所示。

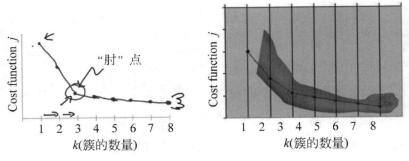

图 3-9　内生动力模型图

(1) 对于 n 个点的数据集,迭代计算 k 的取值为 $1\sim$ n,每次聚类完成后,计算每个点到其所属的簇中心的距离的平方和。

(2) 平方和是会逐渐变小的,直到为 n 时平方和为 0,因为每个点都是它所在的簇中心本身。

(3) 在这个平方和的变化过程中,会出现一个拐点,即"肘"点,下降率突然变缓时的值被认为是最佳的 k 值。

在决定何时停止训练时,肘形判据同样有效,数据通常有更多的噪声,在增加分类无法带来更多回报时,停止增加类别。

在使用 k-means 算法聚类时,k 值的选择十分重要,肘部法则和轮廓系数可以方便我们选择出最佳的 k 值,并基于以下方法实现。

(1) 对所获特征进行筛选。对特征值进行分类,联系目标值的相关程度将其分为有效特征值与无效特征值。过多的特征值参与训练容易出现维数灾难的问题,且会降低代码的运行速率,造成模型过拟合的缺陷,故此步是关键。此处采用 Filter 过滤法对现有特征值进行逐步筛选,过滤无关特征值及冗余特征值,并留存有效相关特征值,以对模型进行更好的准确度提升训练。

(2)对提取特征后的数据进行算法建模。对于所选数据集有目标类别的二分类特征,选用贝叶斯模型进行构建与预测。先对所用数据集做标签值与特征值的分类处理,并按相关比例进行训练集和测试集的划分,之后构建贝叶斯模型将训练集进行模型训练,对模型进行准确度测试并进行验证,得出最终预测数据。

此处采用 Filter 过滤法提取的特征值确定数量。虽然呈现了较高的模型预测性,但不排除有其他特征之间的相互依赖关系。模型的训练方式另待发掘。此处采用的是对特征与目标之间进行贝叶斯模型的构建测试,且此数据集目标为二分类别,训练结果也有一定提升空间,日后可以尝试其他模型训练进行多元化目标值的预测。

3.4　安全内生动力与可持续安全

安全内生动力是受主体支配、支配对象、作用于载体,稳定持续地促进内生经济增长的运动发展力量。内生权

力的主体、客体、载体相互关联,相互作用,相互依赖,形成
了一个具有增加产出、帮助穷人摆脱公共安全事故等功能
的有机体系。安全内生动力是一个揭示各种力量在经济
增长过程中的原理和传导过程的体系,也描述了权力与发
展的内在联系。安全内生动力可以进一步分解为主体提
供的牵引力、物体提供的支撑力等。安全内生动力系统不
仅包含显性的物质因素,还包含内隐的心理因素。根据我
国精准安全实践的实施,安全内生动力可以按方向和规模
进行分类。在提出有针对性的安全战略后,内生动力在安
全斗争中日益突出安全工作后的发展。根据内生动力的
增长过程,可以将其分为不同层次(弱、中、强),不同层次
对安全和之后的发展有不同的影响。

可持续安全是以内生动力为基础的,这不仅满足了
2020年区域安全的需要,也满足了子孙后代提高安全能
力的需要。为了满足这两种需求,可以促进从公共安全到
共同繁荣的持续动态演变。所谓的"安全"指的是穷人从
公共安全国家转变为非公共安全国家的发展结果。可持
续安全也是公共安全地区人力资本和资源禀赋的协调发
展——从脱贫状态到稳定发展,最终实现共同繁荣。

因此,可持续安全可分为三个阶段:以消除安全事故
为目标的初级阶段、以稳定安全为目标的中间阶段和以实
现共同繁荣为目标的晚期阶段。安全斗争的胜利标志着
可持续安全第一阶段的完成。目前,中国正处于可持续安

全的中间阶段，即巩固和扩大安全的成果，也称为安全过渡期。中国的最终目标是通过实施农村振兴战略来实现共同繁荣，这也是可持续安全的最高阶段。内生动力与可持续安全之间的运行机制提高内生动力水平是实现可持续安全的基础。

第 4 章　人类行为内生动力赋能的智能交通研究

　　随着 21 世纪信息技术蓬勃发展,传统交通逐渐向智能交通转型。2000 年,中华人民共和国科学技术部会同中华人民共和国国家计划委员会、公安部、交通运输部、铁道部、信息产业部等部委相关部门,设立了全国智能交通系统协调指导小组及办公室。该组织为我国智能交通的发展拉开了序幕。智能交通将计算机技术、传感器技术、数据通信技术电子控制技术、人工智能技术等有效地运用于交通运输、服务控制和车辆制造,加强人、车、路、环境及其他交通相关部分之间的综合联系,形成一种保障安全、效率提升、节约能源的综合运输系统。

　　通过对相关信息的收集、处理、发布、交换、分析、利用,可以使传统的交通模式智能化。在交通发展初期,智能交通模式要同时关注交通体系内部设施建设、需求管理和运行模式,以及关注交通与城市开发、人群、经济、文化、外生、环保等多个领域的关系。而今,城市的交通规划与建设完全依附于城市土地的有效利用,应和城市建设同步考虑,通过交通建设带动部分地区的发展。也就是说,城市交通规划建设所带动的,是以线路为轴,站点为核心的城市一系列共同开发。一条线路的建设,会带动沿线各种路网的建设、房地产开发商与商业中心的迁移。因此,智能交通在某种程度上早已超过了人、车、路之间的关系,通过建立高度综合的复杂体,寻求最佳的交通系统规划、建设、管理方案,使得道路通行能力最大、交通事故最少、运行速度最快、运输费用最低、环境影响最小、能源消耗最低。

4.1　智能交通与人类行为内生动力研究

随着互联网技术的发展,网约车、共享单车等新型交通工具也成为我们日常生活出行的交通工具了。这些新型交通工具在城市区域范围内的运动轨迹已经成为了交通出行轨迹数据的重要组成部分,对这些车辆移动轨迹进行挖掘和分析,可以为社会城市发展、社会交通问题等提供一些新的思考问题的角度和解决问题的方法。

4.1.1　人类行为内生动力的智能识别

随着物联网、人工智能等技术的发展,通过传感器进行数据的无感采集以及智能识别等方式可以对人类活动进行量化描述,Seán Quinn 等人通过对 8 个多月以来间歇性从主要家庭水表中采样的用水量读数进行周期性分析,以较低的物联网设备成本进行了数据收集,发现人们在用水这一行为中也存在周期性。周涛等人对用户的电影点播记录进行分析,发现其幂指数的变化与其活跃度成正相关,幂指数范围为 1.5～2.7,变化幅度达到 80%。韩筱璞等在短信息通信的间隔时间中也发现了类似的单调现象。而王鹏等发现,在线网站的订单间隔时间的幂指数并非单调依赖活跃性,而是在取得峰值之后有略微的下降。以上的研究都表明个体的活跃性会导致用户或用户组表现出的特征存在较大差异,为此要通过数据分析挖掘出导致差异的原因,进而发掘人类行为的内生动力。

4.1.2 研究人类行为空间特性的意义

人在不同地点间的移动将直接导致交通网络上的各种复杂流动现象,理解人类行为的空间特性对于研究受人类空间运动驱使的各种复杂现象具有重要意义。如 Zhiren Huang 等人通过 600 万地铁乘客的智能卡、1.3 万辆出租车的乘车轨迹数据分析人群的移动行为方式特点,创建了一种网络移动方法来识别和预测大型人群集会,对城市发展的交通设施合理规划,为预防和控制交通拥堵问题提供了新的方法。实际上,交通工程研究的主题主要集中在人在城市内及城市间的移动。交通工程师很早就开始用问卷调查等方式搜集城市居民的日常出行数据,并基于这些数据建立模型,来预测交通流量。但运用传统的调查方式来调查交通情况往往成本较高,难以大规模且长时间地对人类空间运动行为进行精准的观测与记录。随着现代电子技术的发展,可以通过手机定位系统(GPS)来长期记录人类个体的空间运动数据,这些数据为采用统计方法研究人的空间运动行为提供了可能。基于人类集体流动性的研究,Giannotti 等人开发了一种知识发现方法,利用了原始 GPS 轨迹数据,将其转换成总体移动模式;研究了校园、公园、城区和展览馆等小范围场景中携带 GPS 终端的44 名志愿者的空间运动行为,并且经过统计研究还发现人类在小范围内运动的运动停留时间分布是呈现幂律的。虽然已经有较多的学者利用电子足迹数据,通过空间角度研究社会城市发展、社会交通等问题,但是以人类行为动力学的时间角度作为切入视角去解决社会交通问题的相关研究还相对较少。

4.1.3　人类移动模式研究介绍

城市尺度下对人类移动性的研究一直是许多学者的重点研究项目,而手机数据及车辆 GPS 轨迹数据一直是研究人类移动性的重要依据。例如,Barboza 等人将手机数据用于运输模型,并在地理单元中对研究区域进行空间建模,以便将聚合的呼叫详细记录与人口数据和其他来源相结合,利用"呼叫详细信息记录"识别里约热内卢大都市区内人类的流动模式。Zhao 等人利用高频手机位置移动数据证明：以一阶马尔可夫过程为特征的个体优先转移机制能够定量地再现所有相关时间尺度上个体和种群水平上的观测出行模式从而揭示了人体移动模式特征。Siangsuebchart Songkorn 等人则通过泰国曼谷大都市区人类流动模式评估了公共交通 GPS 探针和轨道门数据。Liu Ka 等人对东京都市圈（TMA）的功能城市多中心性进行了精细测度，并通过一系列探索性统计分析揭示了其与人类流动模式区域特征的关系，研究结果揭示了功能城市结构在原有多视角分析框架内的静态动态格局。Hu 等人通过引入地理语义分析框架，在路段层面对交通互动与城市功能的关系进行建模。首先，构建道路轨迹语料库并进行训练，获得道路段的语义嵌入表征；然后，考虑到路段之间的拓扑联系，利用图卷积神经网络模型对路段的上下文信息和拓扑信息进行处理，对街道沿线的社会功能进行分类。基于大规模真实出租车移动轨迹数据，我们在北京进行了相关案例研究。结果表明，这一方法具有较小的损失和较高的分类精度，在道路等级上优于其他分类方法。

4.2　共享单车投放预测

4.2.1　决策树算法

决策树以及其集成算法是机器学习分类和回归问题

中非常流行的算法。因其具有易解释性、可处理类别特征、易扩展到多分类问题、不需特征缩放等性质被广泛使用。决策树集成算法如随机森林以及 Boosting 算法几乎是解决分类和回归问题中表现最优的算法。决策树是一个贪心算法,递归地将特征空间划分为两部分,在同一个叶节点的数据最后会拥有同样的标签。每次划分都以获得最大信息增益为目的,从可选择的分裂方式中选择最佳的分裂节点。节点不纯度由节点所含类别的同质性来衡量。工具为分类提供两种不纯度衡量(基尼不纯度和熵),为回归提供一种不纯度衡量(方差)。spark.ml 支持二分类、多分类以及回归的决策树算法,适用于连续特征以及类别特征。另外,对于分类问题,工具可以返回属于每种类别的概率(类别条件概率);对于回归问题,工具可以返回预测在偏置样本上的方差。

4.2.2　实验数据

随着 20 世纪工业化的进步以及全球经济的飞跃发展,全球的不可再生资源再创新低,在这个背景下,各国开始注意到不可再生资源的匮乏,人类的可持续发展出现了问题。21 世纪共享单车的出现,目的是鼓励市民绿色出行,减少碳排放,解决机动车过多导致的道路拥堵问题。共享单车出现在大众视野后,一些问题也相继暴露,例如,单车的投放点应怎样设立;如何对单车进行定期的维护;

维护点设立在哪里才能节约成本;单车该如何设计才能满足大部分人的用车需求等。为调动更多的人进行绿色出行的项目,这些都是一些待解决和优化的问题。共享单车作为企业在校园、地铁站点、公交站点、居民区、商业区、公共服务区等提供的自行车单车共享服务,是一种基于分时租赁的新型环保共享经济模式。

本节采用的共享单车数据集是中国某北方城市 2022 年 5 月 25 日到 2022 年 5 月 31 日这一周的真实共享单车数据集。这里说明一下,2022 年 5 月 25、26、27 日这 3 天分别为星期三、星期四、星期五;28、29、30 日为休息日(据调查,2022 年 5 月 30 日是端午节,国家规定,28、29、30 日 3 天放假,因此星期日不休息);31 日为星期二,是工作日。该数据集的时间段同时具有工作日、节假日两种类型的时间,因此具有较高的研究意义,可以以此为例,通过数据集的分析,发现该城市居民在工作日和节假日使用共享单车的交通行为模式。

该数据集存储大小为 161.69MB,共有 1 966 727 行数据,所有字段特征的具体描述如下。

(1)instant:序号。

(2)dte:日期。

(3)season:季节(1:春季,2:夏季,3:秋季,4:冬季)。

(4)yr:年份(0:2021,1:2022)。

(5)mnth:月份(1~12)。

（6）hr：小时（0～23）。

（7）holiday：假日（0：非假日，1：假日）。

（8）weekday：星期（0：星期日，1：星期一，2：星期二，3：星期三，4：星期四，5：星期五，6：星期六）。

（9）workingday：工作日（0：非工作日，1：工作日）。

（10）weathersit：天气（1：晴朗、少云，2：多云、雾，3：小雨、小雪，4：大雨、大雪）。

（11）temp：摄氏温度，将原来温度除以 41 进行标准化。

（12）atemp：体感温度，将原来温度除以 50 进行标准化。

（13）hum：湿度，将原来湿度除以 100 进行标准化。

（14）windspeed：风速，将风速除以 67 进行标准化。

（15）casual：临时用户。

（16）registered：登录会员。

（17）cnt：租借总量。

本节选取了两个数据，一个是统计用户 2021—2022 年每个小时租用共享单车的数量，该数据还包括日期、季节、年份、月份、时间、是否为假日、星期、是否为工作日、用户中为临时用户的数量、用户中为会员的数量、一个小时内共享单车的总租用量，以及每天每个小时的天气、温度、体感温度、湿度、风速。另一个是统计用户 2021—2022 年每天租用共享单车的数量，该数据还包括日期、季节、年份、月份、是否为假日、星期、是否为工作日、用户中为临时用户的数量、用户中为会员的数量、一天内共享单车的总租用量,以及每天的天气、温度、体感温度、湿度、风速。

4.2.3　共享单车租用量的行为分析

通过对数据的分析可以发现,临时用户使用共享单车的次数很少,主要的用户是会员。观察图 4-1(a),可见会员在工作日共享单车的租用量有两个波峰,一个是 7～9 点,另一个是 17～19 点,波峰位置与早高峰、晚高峰时间吻合,这也可以说明会员主要是上班族。观察图 4-1(b),可以发现用户使用共享单车的波峰在 11～19 点,这可能

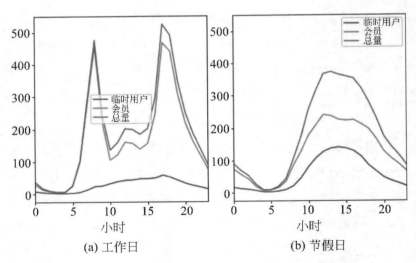

(a) 工作日　　　　(b) 节假日

图 4-1　临时用户及会员使用共享单车行为分析

与人们在节假日的作息有关。整体来看,波谷均出现在凌晨。

　　如图 4-2 所示,共享单车的租用量存在季节变化,春季到夏季逐渐增加,秋季缓慢降低,冬季迅速减少。春季的租用量最少,秋季的租用量最多。相较于 2021 年,2022年共享单车的租用量增加了很多,而且各季节的上涨率大致相同。

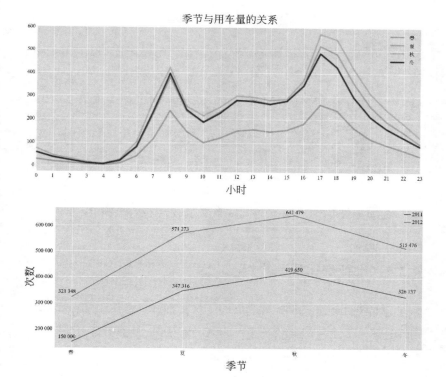

图 4-2　季节与共享单车租用量的关系行为分析

从图 4-3 可以看出,用户在温度为 25℃～30℃时使用共享单车次数最多,温度小于 5℃时使用次数最少。可以发现,温度偏低或偏高都会影响用户使用共享单车的次数。前文已经提到,用户白天使用共享单车的次数比晚上多,而白天温度相对于晚上也是较高的,所以温度对于共享单车租用量也有一定的影响。

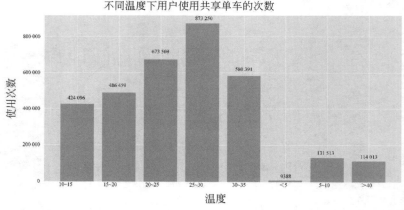

图 4-3　温度与共享单车的使用行为分析

4.2.4　出行规律预测分析

移动互联网的发展和人们对低碳绿色出行的需求促进了绿色共享经济的发展,共享单车随之诞生,并且目前发展逐渐成熟。共享单车是近几年国内外非常流行的交通工具之一,它不仅是一种低碳绿色的出行方法,还可以起到锻炼身体的作用,所以非常受人们的欢迎。起初公共单车在国外兴起,后来慢慢引进国内。随着移动互联网的快速发展,便捷的无桩单车应运而生。人们只需要通过手机扫一扫,便可以租用一辆单车,使用结束后,再扫码归还即可,十分方便快捷。霎时间,摩拜小橙车、ofo 小黄车、哈啰小蓝车等共享单车被投放在高校校园、地铁站进出口、公交站点、居民区、商务区、商场、公园等各种场所。迄今为止,已陆续有 20 多个共享单车品牌诞生。虽然共享单车的发展已趋于成熟,但仍然存在着一些问题,例如共享单车盲目大规模投放,造成某些地区的单车数量超过城市容纳量,极大浪费了资源。关于共享单车的投放、维修还存在着一些问题,为了能够解决这些问题,本节对不同季节、不同温度、不同时间、不同天气状况下用户租用共享单车的情况进行分析,可以为共享单车的投放提供一些建议和参考。

通过决策树算法可以预测共享单车的投放——首先分别获取某共享单车 2021—2022 年以小时统计和以天统计的数据,对数据进行去重等处理之后,使用 matplotlib 和 pyecharts 对数据进行可视化,观察不同环境下共享单车的使用情况;通过 PySpark MLlib 决策树回归分析,预测在不同环境下共享单车的租用数量;决策权内省行为分析见图 4-4,可以为共享单车的投放提供一些建议和参考。

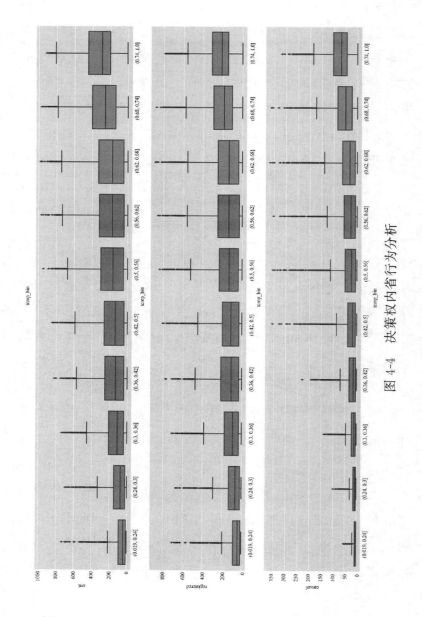

图 4-4　决策权内省行为分析

　　本节通过 ARMA 模型预测了共享单车的使用情况。在图 4-5(a)中可以看到,残差接近正态分布,符合理想的残差;图 4-5(b)和图 4-5(c)检验残差的自相关和偏自相关,大部分点未超出上方直线,符合理想结果;图 4-5(d)中散点应该靠近直线,同样符合理想结果。

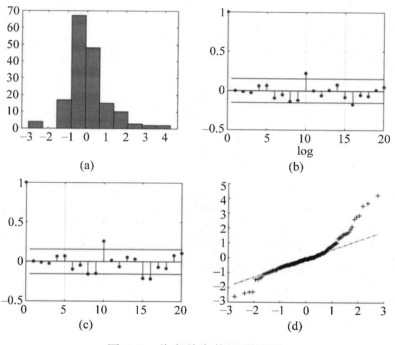

图 4-5　共享单车使用预测图

　　确定残差分析后,进一步地,将预测结果显示在,图 4-6中虚线是 168 数据点用于训练,深色线是用来预测未来,浅色线是置信区间为 95% 的上限和下限,预测值在此区间波动。

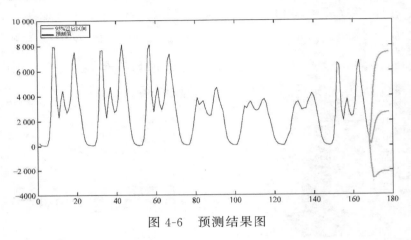

图 4-6　预测结果图

本节通过研究分析得出以下结果。

（1）共享单车的主要用户为会员，较临时用户而言，会员使用共享单车的次数更多。提高会员注册数量，能够有效地提高用户使用单车的概率，企业可通过优惠券等方式促进用户注册。

（2）季节、时间、温度、天气、是否为工作日等因素都会影响共享单车的租用量。企业可以在秋季、节假日的白天或者工作日的早晚高峰期、温度适宜的情况下加大共享单车的投放量。

（3）通过决策树回归分析可以较为准确地预测出不同环境下共享单车的租用量。企业也可以通过此算法来判断合适的自行车维修时间和投放数量。

4.3　多元交通模式下的交通行为动力学研究

多元交通模式下的交通行为动力学研究以人为核心，对人的行为进行分析，每一次使用共享单车时产生的 Orderid 都是随机的，即使同一个用户在极其邻近的时间段里连续两次使用同一辆共享单车也会产生两个 Orderid。因此，本次实验中不考虑 Orderid 和 Bikeid，做数据分析之前应将其删除。本书第 1 章相关研究中已经阐述了，当今已经有很多基于交通工具轨迹数据的人类移动行为的研究，因此本实验中不对共享单车的空间轨迹数据进行分析，而是从时间尺度上分析人类交通行为的模式特点，所以在实验中也删除了 Oeohash-start 这个字段。此外，基于实验的正确性和学术的严谨性，我们对少量重复的数据进行删除，只保留重复数据的其中一条。在实验中，我们假设人们使用不同类型的共享单车有不同的行为模式特征，因此对两种不同型号的共享单车数据进行拆分，形成两个数据集。详情见表 4-1。

表 4-1　共享单车数据集主要字段描述

字 段 名 称	字 段 类 别	字 段 描 述
Orderid	Varchar	订单编号
Userid	Varchar	用户账号

续表

字 段 名 称	字 段 类 别	字 段 描 述
Bikeid	Varchar	自行车编号
Biketype	Varchar	自行车种类
Starttime	Datetime	起始时间
Geohash-start	Varchar	起始位置（以经纬度衡量）

近年来，网约车市场需求增长迅速，对需求快速增长的预测成了一个热门话题。例如，Bang Chen 等人提出了一种基于 k-means 和支持向量回归（SVR）的网约车需求预测模型，讨论了以网约车订单的初始经纬度作为特征值进行 k-means 聚类。

网约车对普通用户来说具有安全、等待时间短、打车地点更加随意、费用透明等优点。本节采用的网约车数据集与共享单车数据集来自同一城市。数据集采用的是 2019 年 12 月 20 日这一天内 24 小时的真实网约车轨迹数据，该原始数据集为每隔 5 分钟所记录的该市各区域的网约车轨迹数据。该轨迹数据集具体涉及该市每个配备 GPS 的网约车移动轨迹，其中数据主要包括网约车公司编号、车牌号、车辆区域编号、定位时间、经度、纬度、车速、行程编号等，具体字段的详细描述如表 4-2 所示。

表 4-2　网约车轨迹数据集主要字段描述

字　段　名　称	字　段　类　型	字　段　描　述
Guid	Int	订单编号
Companyid	Varchar	网约车公司编号
VehicleNo	Varchar	车牌号
VehicleRegioncode	Int	车辆区域编号
PositionTime	Varchar	定位时间
UpdateTime	Varchar	实时时间
Longitude	Float	经度
Latitude	Float	纬度
Speed	Int	车速
Orderid	Int	行程编号

　　在对轨迹数据进行挖掘分析之前,需要基于本节所提出的方法,对于输入部分的数据结构需求这些原始数据进行分类汇总和清洗整理,清除其中的冗余数据和噪声数据。车辆处于静止状态时会产生大规模的冗余点,例如车辆在未启动状态,或者车辆在行驶途中在某一段时间内驻留在某一处,都会产生重复的轨迹点。由于本节所提出的方法需要在每个所取的时间间隔内进行路径发现,根据网约车一般使用的时长,将时间间隔设定为一个小时。处理数据的具体过程如下。

　　(1) 使用 pandas 库对轨迹数据按照车牌号和定位时

间进行分类排序，或者按照订单号和定位时间进行排序，
整理出每辆网约车的移动轨迹。

（2）清除每辆网约车轨迹数据中的冗余点，或者订单
号为 0 的数据。

（3）由于 PositionTime 和 UpdateTime 两个字段的数
据类型是时间戳，不利于进行相关的时间计算，因此将时
间戳格式转化为 Datetime 类型。

4.4　实验预测研究

4.4.1　周期与波动分析

在众多人类行为中可以观察到活跃性的周期和波动。
周期性有时还直接表现在时间间隔的分布上。个体的活
跃性指的是单位时间内一个个体发出特定行为的频数，直
观来讲，人类的日常行为应该有明显的波动性和周期性。
研究人类交通行为的周期与波动的行为特性有助于解决
现存的交通问题。

本实验研究了人们使用共享单车和网约车活跃性的
周期与波动分析。由于数据集的局限性，时间跨度不长，
在已有的数据集情况下进行数据分析后，发现共享单车的
使用以一周为单位，可能具有周期性。共享单车和网约车
的使用情况在一天的上下班时间段里活跃性较强，使用次

数较多。图 4-7 和图 4-8 分别为用户在 2021 年 5 月 25 日
到 2021 年 5 月 31 日 24 小时使用共享单车和 2021 年 12
月 20 日 24 小时内用户使用网约车的次数统计图。

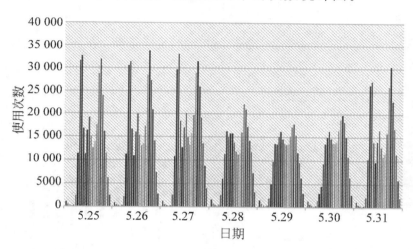

图 4-7　2021-5-25 到 2021-5-31 日人们分别在 24 小时内每小时使
　　　　用共享单车的次数统计图

　　图 4-7 中横坐标为日期,纵坐标为每小时人们使用共
享单车的总次数。从图 4-7 中可以看出,工作日共享单车
的平均使用次数要大于节假日。特别是在上下班高峰时
期,工作日人们使用共享单车的次数远远大于节假日。并
且,人们使用共享单车的次数以工作日和节假日为一个周
期呈现周期性波动分布,节假日结束的第一天,共享单车
的使用次数是要低于一般工作日的,上下班高峰时期差距
最大。

图 4-8 中,横坐标为时间,即一天内的 24 小时,纵坐标为每小时人们使用网约车的总次数。从图 4-8 中可以看出,假如以一天为一个周期,人们使用网约车的次数是没有周期性现象的。人们在凌晨 1～7 点使用网约车次数极少,7～9 点急速增加,9～11 点又急速下降,在 12～22 时呈现一个波动稳定,其中 19、20 两个小时的使用次数最多(也为一天中的最多),19 点使用次数到达顶峰之后,次数开始下降。

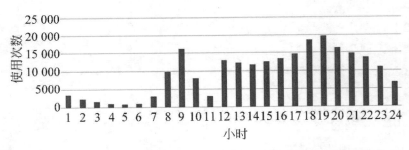

图 4-8　2021-12-20 这一天内用户使用网约车的次数统计图

4.4.2　多元交通时间间隔分析

在人类行为动力学时间特性研究中,不同系统的人类行为时间间隔分布形式有所不同,本节主要通过公式 $P(\tau) \propto \tau^{-\alpha}$ 来分析多元交通工具中的时间特性。其中 P 为概率,τ 为人们相邻两个行为的间隔时间,α 是其幂指数。

为了消除 $P(\tau)$ 的实证结果在双对数坐标系下尾部出现的波动和散乱现象,我们在统计分析时利用 Logarithmic binning方法进行了处理,以便在双对数坐标系下观察其衰减趋势并计算幂指数 α。

1. 共享单车使用分析

我们起始的共享单车数据集共有 473 621 条自行车及其用户数据,其中在 birth_year(出生年份)这一字段有 62 829 条没有用户信息,可以通过数据清洗删除。删除出生年份数据是为了后续可视化出图的完整性,如果不删除这一类型数据,后面做出的相关指标图形的横轴数据显示不具备连续性,所以暂时先清洗掉这一列数据。除去缺失值外,数据集完整,使用 count()函数统计查看数据为空和缺失的情况,应该都是不存在的。这 62 829 个用户应该不能算作缺失值,因为他们的用户类型显示为 custom,这一类用户应该属于临时用户,没有在平台录入过自己的个人信息。这个群体对于自行车平台来说是一种可被开发的潜在客户。

提取原数据集的指标对分析结果进行可视化,通过自行车用户、骑行距离以及性别之间的分布散点图,可知自行车用户的出生年份分布在 1900—2000 年,在 1950—2000 年最为密集,笔者认为用户出生年份在 1900 年附近的可能性不大,出现这个年份的原因可能是用户误填,因此太靠前的年份数据点就忽略不计,不具备参考价值。散点图中额外引入了"性别"这个指标,根据加入的新指标分

析,女性的总骑行距离总体来看是低于男性的,并且女性
为纽约共享自行车的主要客户群体。考虑到数据集包含
了节假日和工作日两种时间,共享单车的类型也有两种,
即 type＝1 和 type＝2。按照分类的不同做交叉分析,如
图 4-9(a)和图 4-9(b)所示分别为 type＝1 的共享单车在
工作日和节假日里,同一用户相邻两次使用共享单车的时
间间隔分布图。

图 4-9 的横坐标为 τ,代表着同一用户相邻两次使用
共享单车的时间间隔,单位为 s。纵坐标 $P(\tau)$ 是不同时间

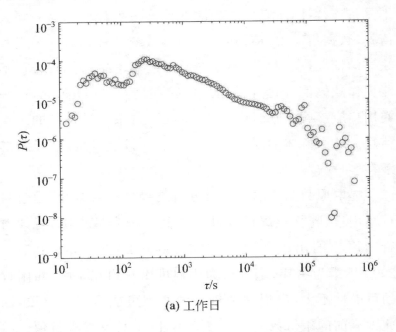

(a) 工作日

图 4-9　同一用户相邻两次使用共享单车的时间间隔分布(type＝1)

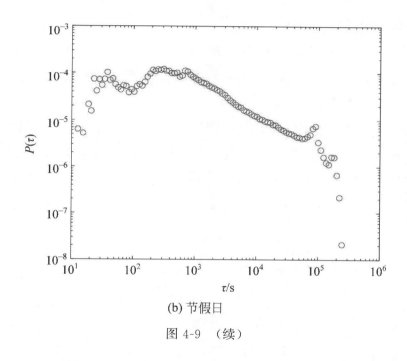

(b) 节假日

图 4-9　（续）

间隔下人们使用共享单车的概率值。图 4-9 中可以明显
看出，无论是工作日还是节假日，同一用户相邻两次使用
共享单车的时间间隔在双对数坐标系下呈现双峰的幂律
分布。这里提一下，无论之后实验中的条件怎么变，我们
都能够看到这一明显的双峰现象。两者虽然分布曲线大
体一致，但是与工作日相比，我们可以看到，节假日的函数
曲线第一个峰左边的点比工作日的要更加连续；第一个峰
的极值点接近 10^4 左右；且工作日的函数曲线尾部两者都
有一个小小的翘起，但是工作日的尾部的点要比节假日的

尾部的点更加散乱。

图 4-10 为共享单车车型为 type＝2 的共享单车在工作日和节假日里,同一用户相邻两次使用共享单车的时间间隔分布图。

端午节是中国的传统节日,这个节日对于中国人来讲具有很特别的意义。因此,在节假日这个条件下继续细分,还可以分为节假日白天(8:00—17:00)、节假日前半夜(18:00—23:30)、节假日后半夜(0:00—6:00)。然后进行

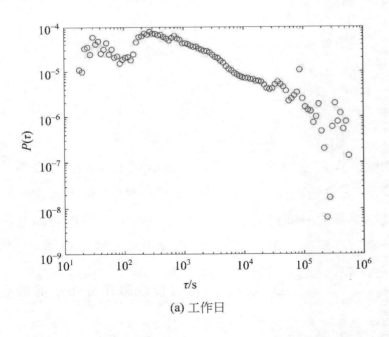

(a) 工作日

图 4-10 同一用户相邻两次使用共享单车的时间间隔分布(type＝2)

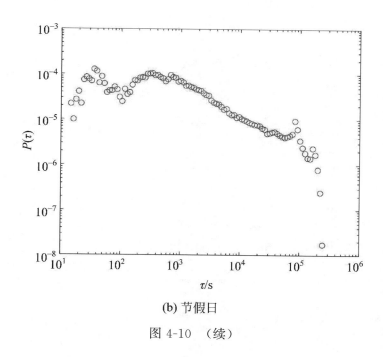

(b) 节假日

图 4-10　（续）

对照分析,为了让实验结果更具有真实性,实验没有对共享单车的类型进行分类,而是对两种类型的共享单车进行分析,图 4-11 分别为节假日白天、节假日前半夜、节假日后半夜同一用户相邻两次使用共享单车的时间间隔分布图。

　　由图 4-11 可以发现,节假日夜晚幂律分布尾部的点要比白天更加散,这里也可以从一个侧面看出,节假日夜晚人们的活动行为更加多样化,更加具有随机性。

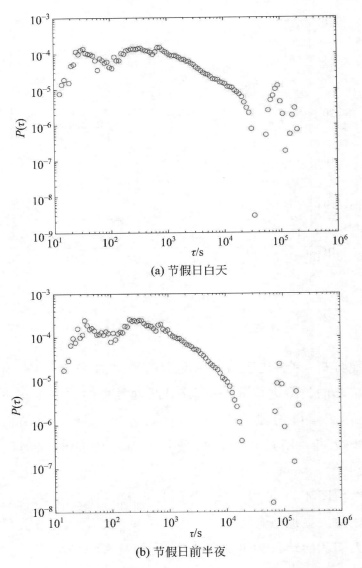

(a) 节假日白天

(b) 节假日前半夜

图 4-11　节假日同一用户相邻两次使用共享单车时间间隔分布

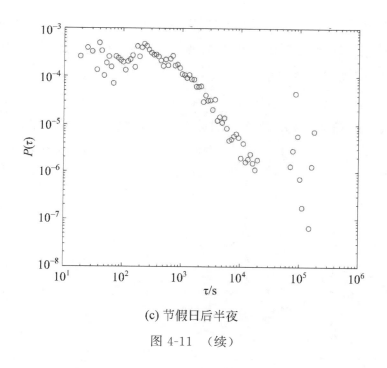

(c) 节假日后半夜

图 4-11　（续）

　　同时，图 4-11(c)中第一个峰的左边几乎不存在函数曲线，而图 4-11(a)、图 4-11(b)与图 4-11(c)相比，第一个峰左边的函数曲线更加完整。

　　前文的实证分析这一部分在做共享单车周期性分布时，发现在工作日上午的某个时间段和下午的某个时间段里，用户使用共享单车的次数也分别到达一天中的两个最高峰。因此，进一步对该城市这两个时间段做了相应的调查发现，这两个时间段分别对应着上下班高峰期。据调查，该城市上班的高峰期为上午的 7:00—9:00，下班高峰期为下午的 16:00—19:00。图 4-12(a)和图 4-12(b)分别对应上班高峰期和下班高峰期同一用户相邻两次使用共享单车的时间间隔分布图。

图 4-12(a)中,第一个峰特别不完整,而图 4-12(b)的第一个峰则十分完整。图 4-12(a)函数曲线尾部在 $\tau = 1400, P(\tau) = 3.17\mathrm{e}-5$ 左右存在一个较为清晰的拐点,而图 4-12(b)中则没有这种分布现象。

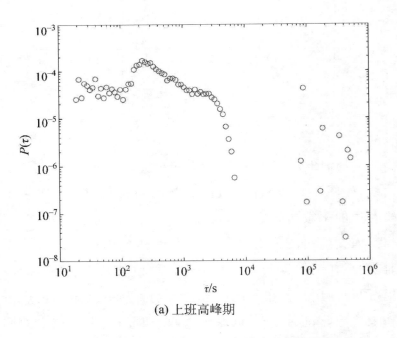

(a) 上班高峰期

图 4-12　高峰期相邻两次使用共享单车的时间间隔分布

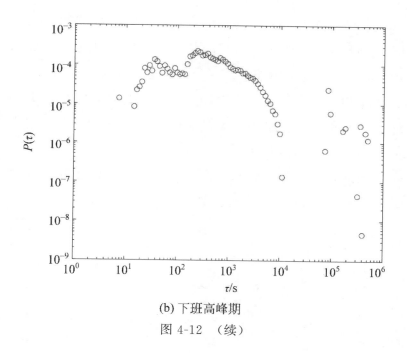

(b) 下班高峰期

图 4-12 （续）

2. 网约车使用分析

选取的数据集一共包含 10 个网约车公司的数据，但是除上面 4 个公司以外的其他 6 个公司，使用网约车的人数过少，不具有代表性，因此不做分析。

这里我们对某城市做了数据统计，如表 4-3 所示。

表 4-3　某城市 A、B、C、D 四个公司一天内使用网约车的总人数

网约车使用总人数	公司 A	公司 B	公司 C	公司 D
9 135 879	564 560	1 355 519	106 146	7 096 113

在做网约车用户一天 24 小时的使用次数的数据统计时,我们发现该城市人们在凌晨 1—7 点使用网约车次数极少,7—9 点急速增加,9—11 点又急速下降。在 12—22 点呈现相对波动稳定,其中 19、20 两个小时的使用次数在这段时间里最多,也为一天中的最多,然后在 19 点使用次数到达顶峰之后开始下降。

因此,我们进一步选取了两段比较有代表性的时间段进行幂律分布的实验分析。具体情况见图 4-13。

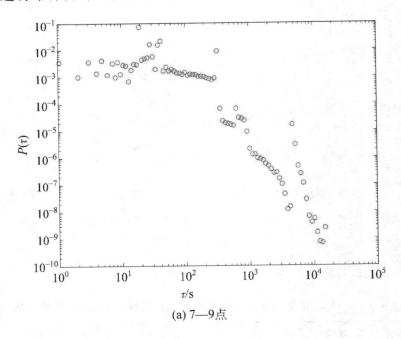

(a) 7—9点

图 4-13　内生行为的行为分布

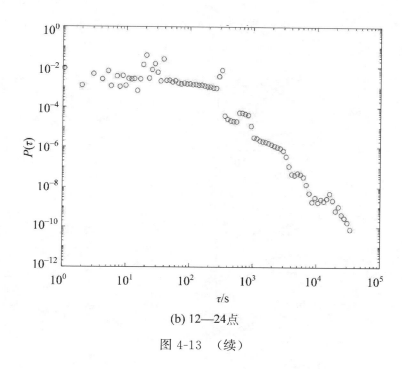

(b) 12—24点

图 4-13　（续）

　　图 4-13(a),图 4-13(b)分别是在这一天的 7—11 点，12—24 点这两段时间段内，同一用户相邻两次使用网约车的时间间隔分布图。7—11 点，12—24 点两个时间段里，时间间隔分布非连续，在 $260 \leqslant \tau \leqslant 346, 826 \leqslant \tau \leqslant 1003$ 存在断裂，形成三段函数曲线，整个时间间隔分布呈现两段幂律分布。

　　为了研究人们使用不同公司的网约车在使用相邻两次的时间间隔分布上是否存在差异性,图 4-14 中对 4 个公司的时间间隔分布进行了拟合,可以看到不同公司的幂指数各不相同。不同公司的时间间隔分布呈现不同的特征。

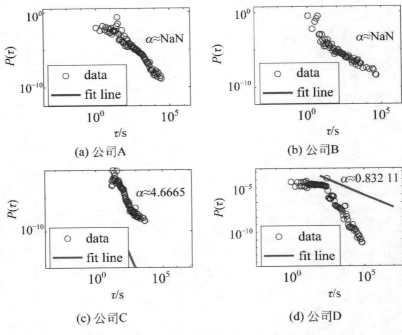

图 4-14　内生行为的行为拟合

本节针对共享单车和网约车两种交通工具,分析人们对其使用时间的特性,发现其在双对数的坐标系下更偏向服从幂律分布,对于城市多元交通工具的投放具有指导意义。

4.4.3　活跃性分组的评论分析

在以往的实证研究中,个体活跃性不同会直接导致其相应统计特征的规律变化,本节根据用户使用共享单车的总次数进行分组,例如如下公式对共享单车活跃性进行分析。

$$r_g^a(t) = \sqrt{\frac{1}{n_c^a(t)} \sum_{i=1}^{n_c^a} (r_i^a - r_{cm}^a)^2}$$

在这里说明一下,用户在这段时间里使用共享单车的最大次数为 34 次,最少的只有 1 次。用户总人数为972 521。

从表 4-4 可以看出,使用次数为 1~3 次的用户人数最多,使用次数为 19~27 次的用户人数最少,呈现出使用次数越少、用户人数越多的现象。

表 4-4　活跃性分组表

组别	1	2	3	4	5
用户数量	843 999	86 115	25 292	16 040	1073
使用次数	1~3	4~6	7~9	10~18	19~27

图 4-15 中,三角形、圆形、正方形、菱形、倒三角形图例分别表示使用次数从少到多的分组。从图 4-15 中可以看到,使用次数越多,共享单车时间间隔的双峰现象越明显。随着使用次数的增加,整条函数曲线越往上,且两个峰的极值最高;而后半段尾部使用次数越少的分组,函数曲线越在上面。

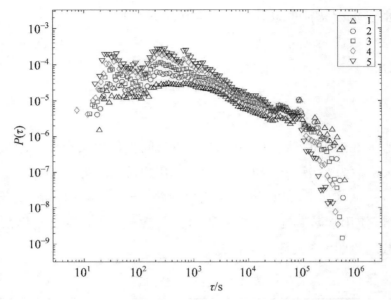

图 4-15　用户使用网约车次数和幂指数的对应关系

4.4.4　阵发性和记忆性分析

不论是从电子邮件等人类的通信模式，还是从地震等自然界现象的发生情况来看，其行为经常会表现出短时期内的集中爆发和长时间的静默，我们把这段时间称为人类行为的阵发性。阵发性的时间间隔大部分都会小于平均时间间隔，同时也会出现一些较大的时间间隔，导致了时间间隔分布的标准差较大。为研究 QQ 空间中发帖行为的阵发性，我们根据用户的月均发帖量分组，对不同组分别作出相应的 BM 相位图，首先定义时域阵发性的分析指标。文献中提出了一个指标来刻画间隔时间的阵发性：

$$B = \frac{\sigma_\tau/m_\tau - 1}{\sigma_\tau/m_\tau + 1} = \frac{\sigma_\tau - m_\tau}{\sigma_\tau + m_\tau}$$

σ_τ 表示间隔时间的标准差，m_τ 表示间隔时间的期望，由公式得到 B 的范围在 -1 到 1 之间，即 $-1 \leqslant B \leqslant 1$，$B$ 等于 1 表示事件具有强烈的阵发性行为；$B = 0$ 表示事件是一个随机事件，服从泊松行为；$B = -1$ 表示该类时间为规则的周期性事件。

因为人类行为往往随着兴趣、记忆的改变而改变，例如在自然界中，极端气候的时间和地点就具有较强的记忆性，当我们对事件发生的时间间隔进行排序后，如果一个长的时间间隔以较大的概率跟在一个长的时间间隔之后，或一个短的时间间隔以较大的概率跟在一个较短的时间间隔之后，则该类时间表现出较好的记忆性；反之，则记忆性较弱或者表现出反记忆性。这个序列一共是包含有 n^τ 个元素（意味着一共有 $n^\tau + 1$ 个行为发生），指定前 $n^\tau - 1$ 个元素构成序列 1，后 $n^\tau - 1$ 个元素构成序列 2，则这两个序列的 Pearson 关联就可以用来衡量该序列的记忆性。

其中，间隔时间的记忆性系数计算公式为

$$M = \frac{1}{n^\tau - 1} \sum_{i=1}^{n^\tau - 1} \frac{(\tau_i - m_1)(\tau_{i+1} - m_2)}{\sigma_1 \sigma_2}$$

m_1 和 m_2 分别是序列 1 和序列 2 的均值，σ_1 和 σ_2 分别是序列 1 和序列 2 的标准差。M 作为自相关函数的一个有偏估计,其取值范围是(一1,1),接近 1 时表示长(短)间隔时间更倾向于与长(短)间隔时间相继出现;接近 0 时表示中性;接近一1 时表示长(短)间隔时间更倾向与短(长)间隔时间相继出现。

我们主要对用户使用不同公司网约车的时间行为模式上的阵发性和记忆性进行研究。

表 4-5 为用户使用不同公司网约车次数从 1～24 次的人数。

表 4-5　用户使用不同公司网约车次数

用户使用次数	公司 A	公司 B	公司 C	公司 D
1	576	1 225 948	3429	2863
2	277 363	24 820	13 122	3 524 586
3	0	8191	1268	6
4	927	3865	2319	10 925
5	0	852	1034	0
6	114	262	658	53
7	0	225	678	0
8	85	2	3898	4
9	0	204	2025	0
10	79	2918	12	0
11	0	20	0	0

用户使用次数	公司 A	公司 B	公司 C	公司 D
12	30	10	0	0
13	0	3	0	0
14	26	2	2	1
15	0	0	0	0
16	14	0	0	0
17	0	0	0	0
18	9	0	2	0
19	0	1	0	0
20	7	0	1	0
21	0	0	0	0
22	1	0	0	0
23	0	0	0	0

本实验使用的数据集实际包括的网约车公司总数为 12 个,其中 8 个公司数据量过小,因此,该实验中不涉及。在本实验中,我们使用 4 个数据量最大的公司,分别记作公司 A、公司 B、公司 C、公司 D。然后,我们对用户使用 4 个公司的网约车在时间上行为模式的阵发性和记忆性进行分析,发现用户使用不同的网约车出行的阵发性和记忆性各不相同。图 4-16(a)～图 4-16(d)分别对应用户使用

公司 A、B、C、D 网约车出行的阵发性和记忆性的 BM 图。

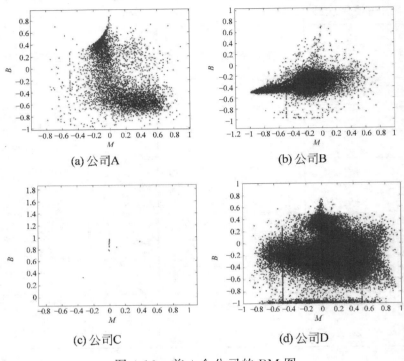

(a) 公司A

(b) 公司B

(c) 公司C

(d) 公司D

图 4-16　前 4 个公司的 BM 图

图 4-16(a) BM 图呈现倒"J"的形状，J 的头部和尾部点较为密集，中间连接部分点相对较为稀疏。头部尾部的密集点分别在 $M=-0.11$，$B=0.39$；$M=0.38$，$B=-0.58$ 左右。图 4-16(b) 呈现一个中心现象，中心在 $M=-0.17$，$B=-0.35$ 附近。因为公司 C 的数据量较少，所以图 4-16(c) 中的点很少，虽然点少，但是更加便于我们找出其 M，B 的

值。图 4-16(c)中阵法记忆系数 $M=-0.002, B=0.856$。
图 4-16(d)的点较为分散,它的阵法记忆系数的范围主要
集中在 $-0.8 \leqslant M \leqslant 0.78, -0.77 \leqslant B \leqslant 0.51$。

以往的人类行为动力时间特性上的阵法记忆性的研究
的结果多数呈现一个中心化(如图 4-16(b),图 4-16(c))。或
者呈现一个面状的分散的阵法记忆,如图 4-16(d),而形成
两个中心化,两组 BM 的系数值很少,所以很可能图 4-16(a)
中实验结论更具有新颖性,揭示了同一种行为模式下的阵法
记忆特性也不一定是唯一的,图 4-17 中的点也与图 4-16(d)

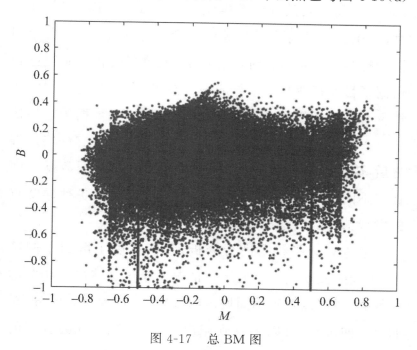

图 4-17　总 BM 图

类似,分布较为分散,它的阵法记忆系数的范围主要集中在 $-0.791 \leqslant M \leqslant 0.747$, $-0.547 \leqslant B \leqslant 0.405$。

4.5　出行规律研究

4.5.1　网约车乘客群体出行规律

滴滴打车公司拥有超过 4.5 亿的庞大用户,在中国开展服务的城市有 400 多个,每天的订单量就高达惊人的 2500 万,每天要处理的数据量至少有 4500TB。仅仅在北京,工作日的早高峰一分钟内就会有超过 1600 人在使用滴滴打车。随着信息时代的到来,大数据的各项研究已经占据了目前行业与学术界的各大热点,大数据比以往的数据具有更多的优势,如形式多样、数据量大、数据传输快捷等。人们不仅关心数据本身拥有的价值,也关心深层挖掘之后,隐藏在数据背后的深层知识与规律,不同数据之间拥有不同的关联关系,数据的分类、聚类以及各种异常点的发现都是数据挖掘领域的重要方法。

通过对这些数据进行分析,我们可以了解到不同区域、不同时段滴滴打车的运营情况。通过这些出行相关的大数据,还可以看到不同城市的教育、医疗等资源的分布,如果长期观察,可以了解到城市经济的发展、社会资源的分布、变迁情况,这些都有非常大的研究价值。

本节的案例对某个出行打车软件的日志数据进行数据分析。例如,我们需要统计某一天订单量、预约订单与非预约订单的占比、不同时段订单占比等。目标是通过分析用户打车的订单,进行各类的指标计算并且将结果可视化,让人们更加直观地观察到数据,例如订单的总数、订单的总支付金额等。

首先,将每一辆网约车乘客的出行频率划分为一个小时,对每小时乘客的出行次数进行统计。以时间间隔为横坐标,以乘客出行次数为纵坐标,绘出 4 种乘客群的频率双对数坐标图,如图 4-18 所示。

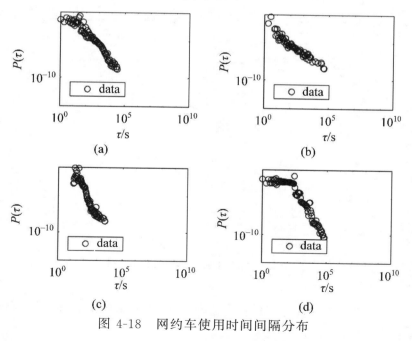

图 4-18　网约车使用时间间隔分布

图 4-18 为四个不同公司的网约车乘客出行时间间隔分布,从图中可以看到,在早高峰时间段有一个明显的峰值,在该时间段用户使用网约车的频率较高。

4.5.2　共享单车用户群体出行规律

为了分析使用共享单车的用户出行规律,可以将共享单车使用者的出行频率划分为一个小时,统计每小时内共享单车使用者的出行次数。以时间间隔为横坐标,以使用者的出行频率为纵坐标,画出两种不同类型自行车使用者的频率双对数坐标,如 4-19 所示。

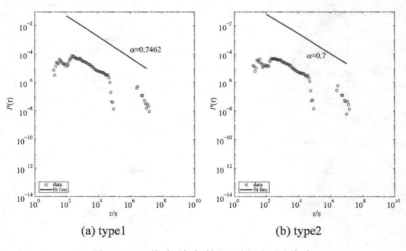

(a) type1　　　　　　　　(b) type2

图 4-19　共享单车使用时间间隔分布

图 4-19 是 type1、type2 两类共享单车的时间间隔分布

图,从图中可以看到两类共享单车用户的出行规律较为相似,图像明显呈现双峰分布:第一个峰值大概出现在上班、上学的时间;而第二个峰值出现在下班、放学的时间,这两个时间段均为交通高峰期,使用共享单车的频率较高。

本节还对共享单车用户进行进一步分类,对其进行了用户活跃性分析,如图 4-20 所示。

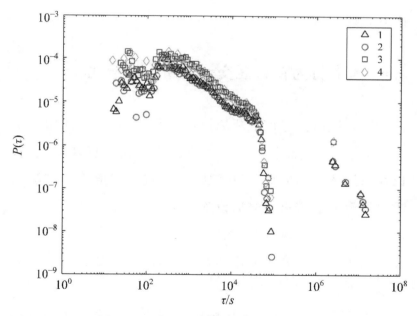

图 4-20　共享单车用户活跃性分布图

图 4-20 所示研究中将共享单车的用户分为四组,体现共享单车用户活跃性分布,组 1 和组 2 的用户为共享单

车 type1 的用户,组 1 为工作日使用共享单车的用户,而组 2 为节假日使用共享单车的用户;组 3 和组 4 为共享单车 type2 的用户,组 3 为工作日使用共享单车的用户,组 4 为节假日使用共享单车的用户。图 4-20 中可以看到各组共享单车的图形相似,但通过对比可以看出组 4 的活跃性比组 3 的活跃性更强,在相同的时间间隔中,组 4 使用共享单车的频率更高,表明人们在工作日使用共享单车的频率比节假日更高。

4.6　人类行为在智能交通决策中的应用

随着城市化进程不断加快,机动车保有量和使用频率急剧上升,随之而来的城市交通拥堵问题也越来越突出,以往单纯依靠加大交通设施建设、拓宽新建道路等方法已难以缓解交通需求与交通设施供给的矛盾。

利用电子足迹大数据进行人类移动行为定量分析以探索人类行为模式与城市运行规律,已成为计算社会学研究的重要议题。

本章中,我们通过使用中国某城市的共享单车和网约车数据,通过周期及波动性、时间间隔、阵发性和记忆性及城市空间结构与人类交通行为模式融合等多元交通模式下的交通行为动力学展开相关研究。实验结果表明,使用共享单车和网约车相邻两次的时间间隔分布在双对数坐标系都呈现幂律分布特征,并且用户使用共享单车在相邻两次的时间间隔上的幂律分布都呈现出较为明显的双峰特征分布,但在网约车数据集上则并没有这种现象。用户在使用网约车相邻两次的时间间隔上呈现典型的幂律分布,并且用户在选择不同的网约车公司服务时,幂指数各不相同。研究也发现在双对数坐标系下,用户的活跃性与幂律双峰现象呈现正相关性,活跃性越高,两个峰的峰形与峰的极值也越高,且不同活跃性下峰形也不同;活跃性越低,双峰现象越不明显。通过对该城市的城市空间结构特征进行分析,可以发现人们无论是使用共享单车还是网约车的行为模式,都与城市空间结构之间存在一个较为紧密的关系,此研究为智慧城市构建提供了数据支撑。

第5章　人类行为内生动力赋能的行为经济系统研究

　　在现代经济发展的体系之中,金融行业扮演着重要的角色,而现代金融行业的理论发展还存在着诸多分歧和不足。在传统的金融学研究中,总是基于理性经济人(Rational Economic Man Hypothesis)的假说,但事实上,在金融市场中会发生许多异常波动,用这种假说无法完全解释,其原因是在金融活动中大部分的投资者行为都是非理性的,所以需要通过非理性的复杂心理学以及行为学去对市场中的种种异常现象进行研究。

　　行为金融学将投资行为看成一个心理过程,致力于深度挖掘金融市场运行背后的奥秘。自 20 世纪 80 年代以来,学者们将人的心理因素作为定价因子加入资产定价模型,并用以研究人群的心理情绪对资产价格的影响。1986 年 Black 等人提出了著名的噪声交易模型后,学者们也进一步地对其模型进行建立和研究,此后对于投资者情绪导向的金融决策研究也逐渐成了行为金融领域的研究热点,现如今对于各方面噪声、受情绪影响的投资者行为研究已经屡见不鲜。

所以,对行为金融学的研究过程其实就是对社会心理学认知行为的研究,是借助数据测量和统计的方法去观察其中的种种现象和规律,并以心理学的角度去诠释这一现象和规律的过程。2020 年,新型冠状病毒感染暴发,其导致的投资者情绪恐慌对股票市场产生了巨大的影响。其实,在行为金融学理论中提到,情绪会对投资者的行为产生很大的影响。研究发现,新型冠状病毒感染信息通过影响投资者心理预期从而影响投资者情绪。有学者利用在各个社交媒体中提取到的情绪信息并对其进行分类,发现社会大众的情绪变化对股票的收益率以及股票交易市场的活跃程度存在显著影响,由此可以根据社会大众的情绪对股票收益率进行预测。投资者的情绪与股票收益之间往往存在内生关系,积极的情绪会对股票的收益产生积极作用,同时,股票收益上涨的同时也会带动投资者情绪的上涨,反之亦然。因此,对于人类行为的研究有助于理解和解释各类经济生活中的异常现象,并通过数据和模型对经济行为进行预测。

5.1　人类行为内生动力赋能的行为经济系统机理研究

金融市场是一个复杂的系统,其变化规律明显表现出非线性的特征,而股票价格的波动是股市波动的直接表现。运用动力系统不会影响原时间序列数据中大部分的动力学特性,所以将动力系统运用在研究金融经济问题,可以从微观层次分析股票价格的动态演化过程。因此,在对金融市场和经济系统的研究中,大量的工作集中在价格动力学。早在 19 世纪,意大利社会经济学家 Pareto 提出稳定经济中的个人财富遵循规律分布,并得出该结果具有普适性。数学家 Einstein 等对金融市场价格模型的研究始于 1950 年,提出一系列模型试图解决如下问题:①真实股票价格数据会偏离几何布朗运动,有胖尾;②价格变化的二阶矩随时间变化。在价格的研究方面,Shi 等指出收益率符合有效市场的假说,但是这并不直接表明价格的变化是完全独立或随机的。当研究价格波动率的时间自关联函数时,研究者们发现其不同于价格收益率,而是有更长的记忆效应且一般可以持续一年甚至更久,所以对于波动率的研究就显得十分重要了,因为它和市场假说不符,且更直接地反映了真实市场的性质。同时,波动率相关的研究特别是对其自关联的幂律特征行为的研究对于建立金融市场中的一些模型有着指导性的作用。

在时间序列的研究上,Sui 等基于上市煤炭公司数据,创新性地将多尺度分析方法运用在金融市场时间序列的分析中,建立了股票市场价格波动相关性的多尺度网络,检测了数据之间的拓扑关系。Tacha 等利用电子电路仿真了新型非线性金融系统,证实了金融系统的复杂动力学行为。Belen 利用非线性自回归分布滞后方法进行协整分析,研究了土耳其金融发展对贸易平衡的非线性动力学,发现金融发展的改善将导致贸易平衡的显著恶化。Balcilar 利用非线性 Logistic 平滑过渡向量自回归模型,发现南非经济对金融冲击的反应是非线性的,制造业产出增长和国债利率在上升期间受到金融冲击的影响更大。Yong 等利用复杂网络方法来描述基于时间序列的动力系统,并重点讨论了基于相空间的递归网络、可见性图和基于马尔可夫链的过渡网络三种主要的网络方法。在行为动力学研究上,Kudryavtsev 探讨了每日价格大幅变动后的动力学行为指标,Alves 等通过计算股票市场指数对数收益滑动时间窗内的排列熵来定义股票市场的时变效率。

5.1.1　金融经济系统群体行为的动力模型

在研究金融市场与经济体系时,许多研究都是围绕着价格动态进行的,在概率分布、时间关联和时间非局部动态特性上也有很多研究成果。经典期权定价公式 B-S 模型假设股票价格服从连续的几何布朗运动,然而,研究表明股票价格常常发生跳跃式的变化,这主要是由于股市上常出现一些重大的事件会引起股票价格上升或者下跌,这种跳跃式变化往往是不对称的。之后,学者们分别从波动建模、收益跳跃、波动跳跃等方面拓展了 B-S 模型。在此基础上,莱米齐尼提出了一种不对称的"跳跃-扩散"模型,一般形式如下：

$$\frac{\mathrm{d}S(t)}{S(t,-)} = \mu\,\mathrm{d}t + \sigma\,\mathrm{d}W(t) + \sum_{j=u}^{d}(V_{N^j(\lambda,t)}^i - 1)\mathrm{d}N^j(\lambda,t)$$

在金融和宏观经济领域，长期记忆的运用更加广泛，例如外汇市场的远期汇率，股市的收益率和波动性等。关于股市长期记忆的研究，国内外有关文献均表明，发展中国家的长期记忆能力要优于发达国家；从市场波动性的角度来看，不管是发达国家还是发展中国家，都具有较强的长期记忆能力。因此，基于股票高频数据的序列的阵发性及记忆性来研究股票在不同事件扰动下的价格行为动力学特征具有重要意义。记忆系数 M 由股票的成交间隔时间序列（$i=1,2,\cdots$）的自相关函数导出，定义为

$$M = \frac{1}{n-1}\sum_{i=1}^{n-1}\frac{(\tau_i - m_1)(\tau_{i+1} - m_2)}{\sigma_1 \sigma_2}$$

其中，n 是股票价格波动的间隔时间的数量，m_1、m_2 和 σ_1、σ_2 分别为交易间隔时间序列 τ_i、τ_{i+1}（其中 $i=1,\cdots,n-1$）的标准差和样本均值。阵发系数 B 由一只股票的交易间隔时间的概率分布的变异系数导出，其定义为

$$B = \frac{\sigma^\tau - m^\tau}{\sigma^\tau + m^\tau}$$

其中，m^τ 和 σ^τ 分别为股票高频交易的间隔时间 τ 的标准差和样本均值。

为了更好地分析股票群体行为，我们引用了常用的股票累计异常收益，也就是采取事件研究法中用来判断该公

司是否发生改变的 CAR(Cumulative Abnormal Return)值。

股票的异常回报指的是股价和股票收入之间的差额。一般的股票回报率要求用 CAPM 模型计算：

$$R_t i = R_f + \beta_i (R_t m - R_f)$$

其中, $R_t i$ 是 i 股票在 t 时刻的正常收益率; R_f 是当日的无风险利率; $R_t m$ 是 t 时刻市场基准指数的收益率。

本节将基本经典的跳跃模型引入人类群体行为中，通过 CAR 模型进一步验证了在正向和负向事件扰动下，金融经济系统群体行为的动力学特征。

5.1.2　SVM 机器学习情感分析

支持向量机（Support Vector Machines，SVM）是一种二分类模型，它的基本模型是定义在特征空间上间隔最大的线性分类器，这一特性使它有别于感知机。支持向量机的基本思想是在向量空间中寻找一个决策平面，这个平面能够最好地分割两个分类中的数据点。支持向量机的目的是在训练集中找到具有最大间隔界限的决策平面。用于两类别（积极、消极）分类规则公式如下：

$$\begin{cases} \boldsymbol{W}^{\mathrm{T}}\boldsymbol{X}_i + b \geq 1, & y_i = 1 \\ \boldsymbol{W}^{\mathrm{T}}\boldsymbol{X}_i + b \leq 1, & y_i = -1 \end{cases}$$

简化为

$$y_i (\boldsymbol{W}^{\mathrm{T}}\boldsymbol{X}_i - b) \geq 1, \quad i = 1, 2, \cdots, l$$

两个类别之间距离为 $\dfrac{2}{\|W\|}$，为类别之间的最大间隔。将 $\Phi(W)=\dfrac{1}{2}(W^{\mathrm{T}}W)$ 最大化，用于训练样本。其中，W^{T} 与 X 均以最优平面向量 i 为训练样本。

BI 看涨指数是用于描绘"看涨"情绪与股市走势的关系，对情绪分类后的机器学习样本结果进行量化的计算方法。看涨指数公式如下：

$$\mathrm{BI}^{*}=\ln\dfrac{1+M_{\mathrm{Bull}}}{1+M_{\mathrm{Bear}}}$$

其中，M_{Bull} 为市场情绪文本的乐观情绪指标量，M_{Bear} 为情绪的消极文本指标量，通过计算可以对情绪进行量化。BI<0 时，说明市场中消极情绪心理行为占比更多；反之，BI>0 时，积极情绪心理行为占比更多。

我们沿着实验路线找到了能够直接影响市场人群评论行为的事物——情绪，沿用上文已经介绍过的 SVM 机器学习模型，我们对"情绪"这一抽象事物进行量化，并与上一组实验进行对照分析。

通过在股票的互联网评论区中获取的相关评论数据，我们分别对消极事件（独立董事辞职）以及积极事件（元宇宙引发热潮的相关事件）中的股票评论文本进行了情绪的量化，得到图 5-1。

观察和对比两组实验可以发现，消极事件下的心理情绪从 2021 年 10 月至 2021 年 11 月末，评论情绪的走势一

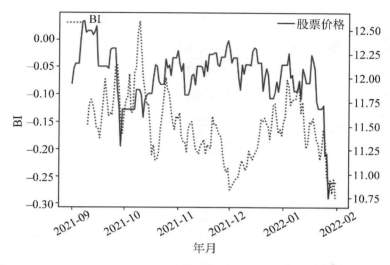

(a) 2021年8月至2022年2月独立董事事件情绪量化和市场变化模型

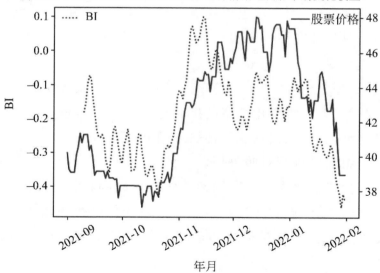

(b) 2021年8月至2022年2月元宇宙相关事件的情绪量化和市场变化模型

图 5-1　正负事件下的情绪量化与市场变化模型

直在下降,直至 2021 年 12 月后情绪指数有所反弹。消极事件期间,市场的价格并没有出现大幅度的上涨或是下跌,此时的市场不再有大的价格变动。反观积极事件的情感波动情况,相关的股票市场价值在事件期间得以飞速增长,而这种现象证明了在事件下,人们在乐观情绪下似乎表现出了更加明显的羊群效应,进而加剧了跟风投资的行为。例如,元宇宙事件发生在 2021 年 10 月末,由一些大型投资者以及比较专业的投资者们最先引发,随后有更多的散户投资者在 2021 年 11 月时才做出反应,认为元宇宙概念是一个投资热点。由于乐观积极的事件在人群中的传播速度更加迅速,所以此时很快就会有"利益外群体"来评论区"凑热闹",这也说明了为什么积极事件的股票评论间隔时间分布模型实验中,2021 年 11 月的头部指数剥离层级表现得最为直观和明显。通过情绪的量化与上一组间隔时间分布模型实验的对比,还可以发现某种更加微妙的联系,下面将量化情绪的机器学习模型进行进一步的分割和细化,试图找到这种神秘且微妙的联系。

在这里我们并非单一地将情绪展现出来,因为资本层面的价格变化也会与情绪的变化产生联系,因此必须尽可能将事件、评论、情绪、资本面的价格变化进行联系。这样能够更加直观地对情绪和资本面的价格变化过程进行相关性的描述。

通过对上述模型的进一步分解,我们得到了和间隔时间分布模型实验同样的时域模型,将其与各月份的模型相互对应，对消极和积极事件进行比较分析。

1. 消极事件

在间隔时间分布模型实验中可得，在消极事件下，间隔时间分布模型在 2021 年 11 月和 2021 年 12 月时表现出了较为明显的头部指数分布剥离现象，所以主要以 2021年 11、12 月与 2021 年 9、10 月的情绪量化模型作为对比，通过该时域中的情绪相关的 BI 指数波动区间进行对比，如图 5-2 所示。

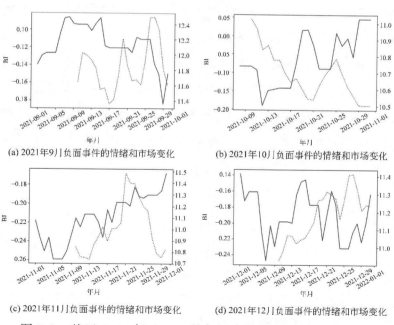

(a) 2021年9月负面事件的情绪和市场变化　　(b) 2021年10月负面事件的情绪和市场变化

(c) 2021年11月负面事件的情绪和市场变化　　(d) 2021年12月负面事件的情绪和市场变化

图 5-2　基于 2021 年 9—12 月负面事件的情绪和市场变化

2021 年 9 月的 BI 指数基本在 $-0.18 \sim -0.08$ 出现震荡,2021 年 10 月也大多数处于这一区间($-0.18 \sim 0.05$),仅有月初时突破了这一区间,整体相比 2021 年 11 月(BI:$-0.26 \sim -0.16$)和 12 月($-0.26 \sim -0.14$)更加偏向乐观(BI 更加接近于 0)。2021 年 11 月和 12 月之间阵发性的变化也与其间的微小变化有着一定的关系。

可以看出,在消极事件来临时,投资者们的情绪在媒体热度最高的时间段达到谷点,在事件的到来下人们并没有在第一时间做出理性反应,而是参照对应的人群做出相应的反应,导致在情绪下降到谷点的这个时间段内的市场价格变化出现了短暂的沉默,即不再出现大规模的交易,导致股票价格不会出现明显的涨幅,而是稳定在一个区间内。从心理应激的群体行为反应过程的角度来看,这是因为消极事件或危机往往能够激起投资者对历史危机的参考,这是对外界危机的一种生理预警反应,可见突发事件会在短时间内对群众心理造成较大的影响。

2. 积极事件

在积极事件下,2021 年 9—12 月 BI 指数波动如图 5-3 所示。

同样,对比与间隔时间分布模型的积极事件同组的时域图形,通过间隔时间分布模型实验,发现 2021 年 10 月以及 11 月表现出了较为明显的间隔时间头部指数分布剥

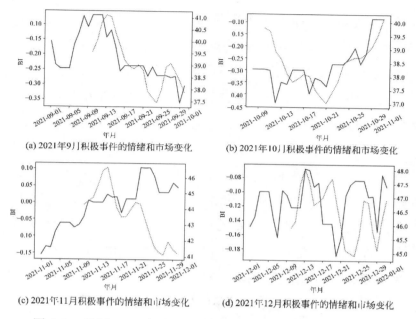

(a) 2021年9月积极事件的情绪和市场变化　　(b) 2021年10月积极事件的情绪和市场变化

(c) 2021年11月积极事件的情绪和市场变化　　(d) 2021年12月积极事件的情绪和市场变化

图 5-3　基于 2021 年 9—12 月积极事件的情绪和市场变化

离现象,这里主要以 2021 年 10、11 月与 2021 年 9、12 月的情绪量化模型作为对比。

其中,2021 年 9 月的 BI 指数基本在 $-0.35 \sim -0.08$ 震荡,2021 年 12 月基本处于 $-0.20 \sim -0.08$ 的震荡区间,整体相比于 10 月(BI:$-0.43 \sim -0.10$)和 11 月($-0.15 \sim 0.10$)更加偏向接近一个区间,也就是 BI$[-0.20, -0.10]$,同样地,上一组的消极情绪量化模型中也出现了这样的现象,其情感震荡的 BI 指数越是偏离 $-0.20 \sim -0.10$ 这个区间,头部的指数分布离散就越明显。

由上可知，如果一个事件将群体的情绪引导并偏离了某个区间，那么情绪指数偏离的程度越大，头部指数剥离就越严重。但是相比于研究中的消极情绪，积极情绪对头部指数分布的剥离影响更加容易，这是因为在市场群体当中，积极的消息相比消极的信息更能对群体产生吸引力，这是因为人们原先在积极事件发生前表现出更加明显的消极情绪，导致在利好消息到来时所反映的情绪变化更加剧烈，也就印证了在原先的消极情绪下，利好消息更容易在投资者群体中激起剧烈的心理和行为反应，从而导致这个事件刚出现在公众视野中时，行为反应和心理情绪波动都会变得异常明显和剧烈。

通过上述的实验分析，可知在情绪 BI 指数偏离－0.20～－0.10 区间较远时，容易出现间隔时间分布模型的头部向三个方向离散剥离的现象，这也印证了在大众情绪出现偏离变化时，其反应的心理行为特性更加剧烈。

5.1.3　基于群体行为规律与心理波动的大规模股票市场扰动分析

本节主要研究金融学背后的行为科学，具体来说是探究投资者评论和群体心理行为以及情绪变化的过程对市场的收益率波动的影响，结合上文中所得到的间隔时间分布模型实验以及心理情绪的变化作为依据，来对比和分析金融市场中出现的波动。通过方差和变异系数，可以测定

收益率中出现的波动以及异常值的出现频率，如图 5-4 和
图 5-5 所示。

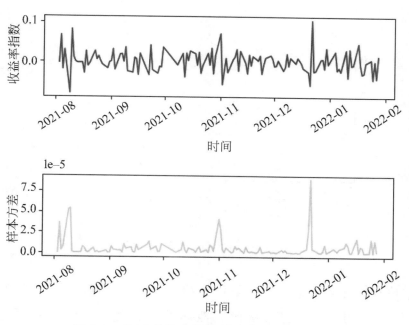

图 5-4　负面事件中的收益率与收益率差异

　　通过样本方差的处理，我们能够获取收益率中的波动
性量化样本，结合样本方差的变化可以看到，在这样的消
极事件下，收益率反而没有表现出明显的波动；通过变异
系数的对比，可以发现 2021 年 11 月与 12 月的收益率波
动性相比最低，而此时在评论中投资者群体表现出的指数
呈现消极偏向，且在评论区中的间隔时间分布出现了明显
的指数头部剥离现象，人均发帖活跃度下降。从投资者评

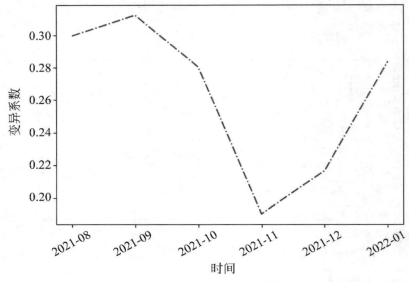

图 5-5　负面事件下产量变异系数的变化

论活动来看,这一数据呈现了坐观的状态,这时的人们倾向承担更少的风险;从代表性偏差的心理过程角度来看,由于人们参考历史上的消极事件的不利影响,所以不会轻易对股票进行更多的交易活动,导致市场活跃性降低,所以此时的收益率波动性相对较低,可以通过投资者群体的评论行为的变化找到其中的相关性,如图 5-6 和图 5-7所示。

通过样本方差的处理,可以看到积极事件在各月的整体变异系数更加平稳,但波动性更高,波动变化更加活跃,因此可知正向事件会对市场的冲击反映出更加明显的波动。

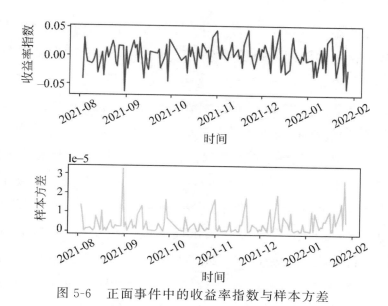

图 5-6　正面事件中的收益率指数与样本方差

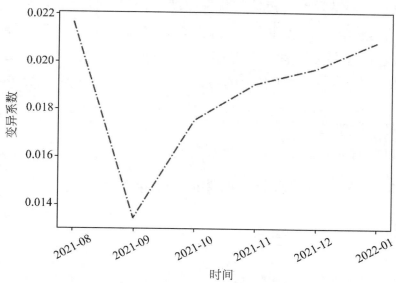

图 5-7　积极事件下产量变异系数的变化

分析可知,2021 年 11 月与 12 月收益率的波动性较高,人们在利好的新闻媒体的消息下急于跟随投资,产生了利好情况下的非理性羊群行为,这也是情感型投资者们在这一不确定性的突发事件下找到外界情感依托的一种跟随行为,波动性随时间推移在不断上升,而此时评论区投资者群体表现出的指数呈积极偏向,且在评论区中的间隔时间分布出现了明显的指数头部剥离现象,人均发帖活跃度上升。通过对比消极事件和积极事件下的市场收益率及波动,可以发现在消极偏向和积极偏向的情况下,投资者的评论行为模式都会出现一致的变化,但是积极的投资者心理情绪偏向所引起的幂律分布指数剥离现象更为明显和容易,而其导致的市场收益率波动会受到明显的心理情绪偏向影响。当事件发生时,发布间隔时间将会出现变异(幂律分布头部的指数剥离),变异程度与心理情绪相对的偏移程度存在着正相关的关系,而相比心理情绪向消极心理情绪的偏移,积极心理情绪的偏移可以使得发布间隔时间的变异更加明显。

5.2 研究模型运行机制的可验证性

5.2.1 复购率模型预测

20 世纪之后,网络技术突飞猛进,电子商务就是其中的一种产品,在这种情况下,大数据营销应运而生。大数据营销的过程是利用网络收集大规模的行为数据,然后根据用户的需求,找到广告的受众,然后根据广告的内容、时间、形式等进行预测,最后进行投放。随着大数据营销的普及,网上购物的问题也随之出现。网上购物是一种新型的购物方式,由于其方便、快捷、价格低廉等优势而日益受到人们的青睐,特别是在最近几年出现的网上购物狂潮,更是引起了广大网友和商家的关注。

随着科技的快速发展,线上线下的联动消费已经成为我国人民消费的主要形式,线上消费在国内经济消费产业结构中占了很大比重,受新冠感染的影响,线上消费也开启了新型发展,网络购物的新业态改善了线上消费环境。

当前的大多提高复购率的研究都可以归为两个方向:一个是从商品角度,即根据商品的消费周期和不同性质对其采用不同的提升策略;另一个是从消费者角度,即精确化消费者群体。在预测领域使用较多的算法是 ARIMA方法。ARIMA 方法是一种在分析时间序列数据中形成强大模型的方法,并且给出的研究非常透彻。该方法可以对平稳或非平稳数据进行建模,并支持向量机预测。本节在满足确保商品质量及树立企业良好的价格形象的前提下,通过 LightGBM 算法寻找其中的优质顾客,并通过消费数据来预测大概率会进行回购的顾客,再对这些顾客进行精细化营销,从而实现提高复购率的效果,最终实现店铺的利润最大化。

本节所研究的对象是淘宝复购率预测,具体方法是对淘宝近 6 个月的购买数据集使用 Python、PySpark 对数据进行处理分析,并利用 ECharts、Seaborn、Matplotlib 对数据集进行可视化分析,在原始数据中构建商户特征、用户特征和商户与用户的交互特征,并将其代入 Logistic 回归模型、随机森林、LightGBM 和 XGboost 模型,发现 Logistic 逻辑回归和随机森林模型的拟合率过高,故把划分的训练集代入 LightGBM 和 XGboost 模型进行训练,并将测试集代入训练好的模型中得到预测结果。而后使用 AUCloss 对其进行评分。

5.2.2　数据描述

为了构建数据集,下面将数据进行结构化处理,分别设置了用户行为表 user_log 和用户画像表 user_info。其中,user_log 表的基本信息、各字段描述及其统计分别如表 5-1～表 5-3 所示。

表 5-1　user_log(用户行为)表基本信息

User_id	Item_id	Cat_id	Merchant_id	Brand_id	Time_stamp	Action_type
328862	323294	833	2882	2661	829	0
328862	844400	1271	2882	2661	829	0

续表

User_id	Item_id	Cat_id	Merchant_id	Brand_id	Time_stamp	Action_type
328862	575153	1271	2882	2661	829	0
328862	996875	1271	2882	2661	829	0
328862	1086186	1271	1253	1049	829	0

表 5-2　user_log 表各字段描述

字　　段	描　　述
User_id	购物者的唯一编码
Item_id	商店的唯一编码
Cat_id	商品所属类目的唯一编码
Merchant_id	商家的唯一编码
Brand_id	商品品牌的唯一编码
Time_stamp	购买时间
Action_type	用户行为,包含{0, 1, 2, 3},0 表示单击,1 表示添加到购物车,2 表示购买,3 表示添加到收藏夹

表 5-3　user_log 表各字段统计

字　　段	非空数目	数据类型
User_id	1 048 563	Int64
Item_id	1 048 563	Int64
Cat_Id	1 048 563	Int64

续表

字　　段	非 空 数 目	数 据 类 型
Seller_Id	1 048 563	Int64
Brand_id	1 047 236	Float64
Time_stamp	1 048 563	Int64
Action_type	1 048 563	Int64

据表 5-3 所示，user_log 表中共有 7 个字段，共有
1 048 563 条非空数据，其中除 Brand_id 字段的类型为
Float 类型外，其余字段均为 Int 类型。user_info 表的基
本信息、字段描述及其统计分别如表 5-4～表 5-6 所示。

表 5-4　user_info(用户画像)表基本信息

User_id	Age_range	gender
376517	6	1
234512	5	0
344532	5	0
186135	5	0
30230	5	0

表 5-5　user_info 表各字段描述

字　　段	描　　述
User_id	购物者的唯一编码

字　　段	描　　述
Age_range	用户年龄范围,单位为"岁"。<18 为 1;[18,24] 为 2;[25,29] 为 3;[30,34] 为 4;[35,39] 为 5; [40,49] 为 6;≥50 为 7 和 8;0 和 NULL 表示未知
Gender	用户性别。0 表示女性,1 表示男性,2 和 NULL 表示未知

表 5-6　　user_info 表各字段统计

字　　段	非 空 数 目	数 据 类 型
User_id	424 170	Int64
Age_range	417 734	Float64
Gender	421 953	Float64

据表 5-6 所示,user_info 表中共有 3 个字段,共 424 170 条非空数据,其中 User_id 字段为 Int 类型,其余均为 Float 类型。

对原数据集中的用户特征和商家特征重新进行特征构造,构造出的特征有用户特征、商家特征、用户和商家交互特征。将构造的特征进行合并,随后将其导出保存为一个新的数据集 all_data_test,并查看新数据集中的所有字段。随后进行参数设置,将其最大深度设为 3,种子设为 40 个。将 params1 的迭代次数设为 300,params2 的迭代次数设为 600，params3 的迭代次数设为 1000。

根据上文所示的参数设置，得到如图 5-8 和图 5-9 所示的 loss 和 AUC 迭代曲线。可以看出，当迭代次数设置为 300 时，图 5-8 中 params1 曲线的 AUC 平均值要比其他两条曲线大，其值最终在 0.64 左右，其标准偏差也比其他两条要小，基本在 0.004～0.007 这个区间。但它的 loss 平均值是最小的，当其迭代到停止阈值时，最终停留在 0.222，标准偏差和 AUC 最终为 0.004 左右。

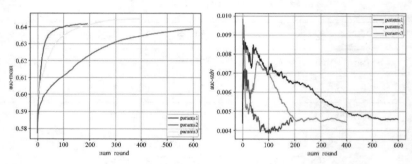

图 5-8　loss 迭代曲线

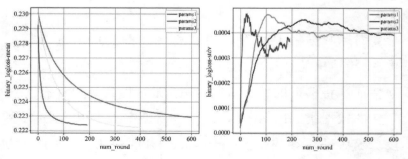

图 5-9　AUC 迭代曲线

图 5-10 中,Label 标签 0 表示新客,1 表示回头客,据柱状图所示,标签为 0 的顾客约有 25 万个,标签为 1 的顾客约有 2 万个。将柱状图转换成饼图,可以直观地看出回头客只占 6.1%。回头客少代表了店铺的粘连度不高,没有很好地将新客转换为回头客。根据这个现象,店铺可以试着多推出一些促销活动或者优惠活动;也可以试着去给店铺的新客设置专属活动;或是在新客户首次购买商品时就让其关注本店的公众号或者其他能给顾客提供实时信息的平台,以便后续给店铺带来更多收益。

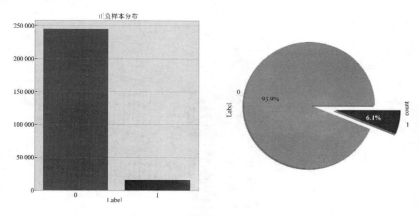

图 5-10　复购行为的内生动力

图 5-11 表示了所选数据集中购买次数前五名的店铺 ID,新客购买次数最多的店铺 ID 是 4044,其购买次数为 3379 次,但从图 5-12 中可见,其回头客并不是前五名店铺中最多的。这说明店铺商品被购买次数多并不代表其顾客

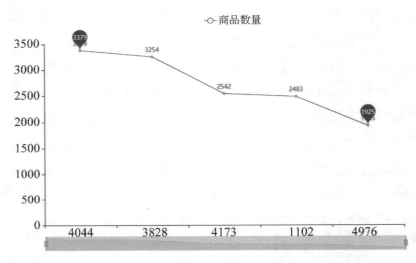

图 5-11　购买次数前五名店铺

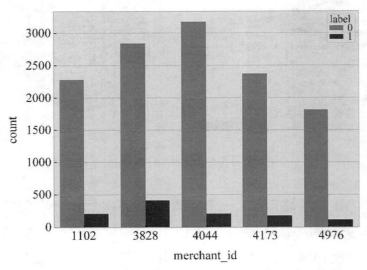

图 5-12　回头客与新客对比

的复购率高,充分地说明了客户复购率预测对于商家的重
要性。回头客购买次数最多的店铺 ID 是 3828,明显可以
看出在购买次数前五名的店铺中,新客购买次数与回头客
购买次数相比还是有很大的一部分差距,但是排名靠前的
店铺也有意识发展回头客,这是一个好的现象,也是现在
线上消费的一个趋势所在。

5.2.3　各特征与复购率的关系行为分析

1. 性别与复购率的关系行为分析

图 5-13 表示了消费者的性别分布,其中女性消费者
达到了 285 638 位,男性消费者为 121 670 位,还有 10 426

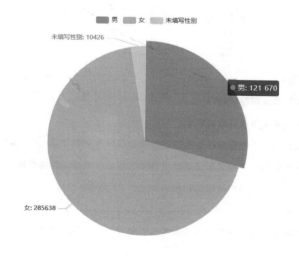

图 5-13　顾客性别分布

位未填写性别的消费者。可以看出,女性消费者是刺激购物的主力军,这说明女性消费者的网购需求较大,这样店铺在准备商品时可以将侧重点向女性靠拢,或者将针对男女消费者对商品比例进行合理的分配,最终目的都是将店铺的利益最大化。

2. 年龄与复购关系

图 5-14 表示了各年龄段的用户分布,可以看出 25～34 岁的消费者购买能力较强,他们较为年轻,对网购的接受度高,并且基本上有固定的收入和能力去消费购买自己喜爱的商品。不同年龄段的消费者因其生活技能和社会经历的差异,会有不同的消费心理和消费行为,商家可以根据不同年龄段人群的消费倾向,精准地定位店铺,尤其是

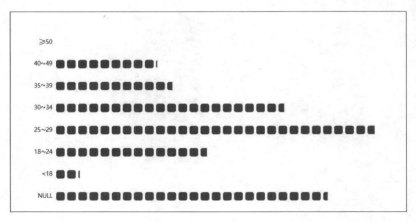

图 5-14　各年龄段消费者人数分布

了解分析 25～34 年龄段消费者的消费倾向,有利于增加店铺的利润。同时,这个年龄段的消费者对信息的接受能力一般比其他年龄段消费者更强。信息互动对消费者知识有显著的正向影响,而社会交往对消费者知识无显著影响。信息互动和社会交往对消费者信任均有显著的正向影响。

如图 5-15 和图 5-16 所示,购买次数最多的消费者年龄段是基本都拥有固定收入的 25～34 岁,复购次数最多

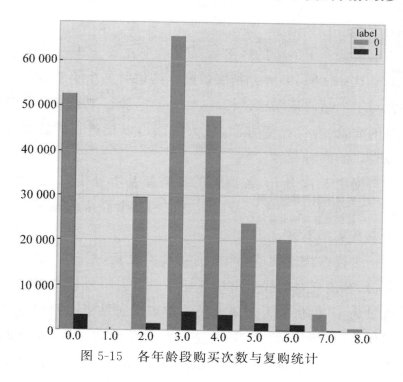

图 5-15　各年龄段购买次数与复购统计

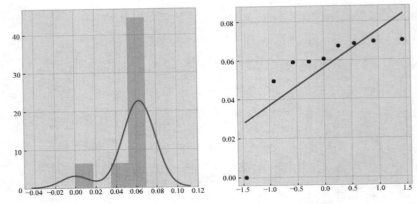

图 5-16　各年龄段复购率正态分布

的也是这个年龄段的顾客。其复购率主要集中在 0.05～
0.07 这一区间,0.06 处密度最高。这说明这个年龄段的顾
客对于产品的认同感比较高,如果商家能够把控好自己商
品的质量、性价比等方面,极大可能可以把这批顾客培养
成自己的终身顾客。

　　据图 5-17 所示,各商家的复购率基本处于 0.02～0.2
这一区间,0.03 处密度最高。这说明各个商家的顾客的复
购率其实都不高。

　　时代在快速发展,科技也在日益更新,对于一些商品
而言,客流充裕的线下市场环境已经一去不复返,"以线上
流量为主"也将成为未来市场的常态。如果将网购的生意
看作拉新、转化、留存、复购这样的一个漏斗过程,在早期
流量充裕时,最重要的就是把漏斗的"前面"做大,做大流

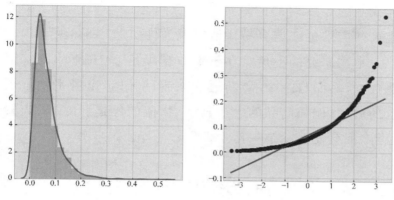

图 5-17　商家复购率正态分布

量,抢占空白市场。然而在现在各式各样的线上消费方式
蓬勃发展,市场接近饱和或者流量稀缺时,最重要的就是
把漏斗的"后面"做大,把留存、复购做大,留住顾客、做高
顾客价值、做大顾客价值就成了生意的关键。打造良好的
闭环生态环境,这也是如今商家们需要去创造的环境。平
台的各种促销日、活动打折已经进入了一个"拿钱买流量"
的环节,这也造成一个弊端,即吸引的顾客可能大多是贪
小便宜的"薅羊毛"者,我们要做的是经过一些算法分析,
对其中一些优质顾客进行个性化对待、精细化营销,将这
些顾客留住,成为闭环生态的一部分。根据上文的分析,
可以看出如今消费的主力军在"90 后"身上。这是科技发
展急速下诞生的一种性格特征,对于"90 后"来说,各种生
活条件只要有网络就能够实现,通过标签精准定位,可以

为我们的今后商品的发展方向提供思路,满足"90后"这
代人的需求也就更容易让他们成为优质的"回头客"。

本次研究的不足点在于本数据集是 2016 年的淘宝消
费数据,然而自 2020 年新冠感染流行开始,市场不确定因
素的增加,例如商品的生产延期、物流的停运、居家隔离管
控等,都会使实际结果产生偏差。

5.3 人类行为在行为经济中的实证

就业问题一直是国家和人民最关注的问题之一,良好
的就业前景可以促进国家 GDP 发展,推动国民经济,也可
以让人民有稳定的收入来源,让生活更有保障。

5.3.1 研究内容及方法

本节通过对招聘网站电子商务人才职位信息进行数
据入库、数据清理、数据预处理、相关数据分析、jieba 分词、
数据可视化、岗位薪资预测、LDA 主题文本相似度模型建
立等操作,完成整体项目的开发工作。本实验任务包含以
下内容。

(1)通过调用 Python 中的 pandas 库对数据进行入库
处理,调用其中的各种函数对数据进行去重、去空等操作,
对数据进行预处理操作,方便后期建立模型。

(2)通过调用 pyecharts 对各个特征和薪资的关系进

行数据可视化分析,对招聘职位信息进行探索分析,使用
jieba 对岗位描述进行中文分词,并查找其中的差别。

（3）对和薪资有关的数据进行特征降维、数据标准化
等操作,将 70％ 的数据集划分为训练集,剩下的 30％ 划分
为测试集,调用随机森林、XGBoost、LightGBM 等算法对
其进行训练,然后观察其 RMSE 分数、R^2 评分,确定最优
模型并抽取其中一些数据作为测试集对岗位薪资进行
预测。

（4）在 TF-IDF 的基础上建立职位 LDA 模型,对求职
者的能力进行相似度的计算,并输出 LDA 主题模型的可
视化分析结果。

5.3.2　LightGBM 回归算法

LightGBM(Light Gradient Boosting Machine)是一个
梯度 boosting 框架,是基于决策树算法的分布式梯度提升
框架。LightGBM 相较于 XGBoost 拥有更快的训练效率、
更高的准确率,支持并行化学习,占用更少的内存,还能够
处理大规模数据。

XGBoost 采用了预排序方法(pre-sorted),这种方法
既要保留数据的特征值,又要保留特征的排序结果,占用
空间很大,而且每次经过分割点都要进行分解运算,耗费
的资源实在太多。而 LightGBM 使用了直方图算法,如
图 5-18 所示,将特征值转化为 bin 值,且不需要存储特征

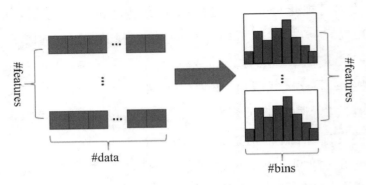

图 5-18　直方图算法

到样本的索引，极大地节省了运行内存。在训练过程中，LightGBM 采用了互斥特征捆绑算法和单边梯度算法，对数据特征进行剪枝，减少了大规模的计算。它使用了带有深度限制的按叶子生长（leaf-wise）算法，抛弃了传统的按层生长（level-wise）算法，以这种算法构建的决策树减少了很多不必要的计算量。

5.3.3　LDA 主题模型

　　LDA 模型是一种可以将文档数据集中每篇文章的主题以概率分布形式给出的主题模型，再通过这个主题分布进行主题聚类或者文本分类，这样就相当于抽出了每篇文章的主旨。这也是一种典型的"词包"模式，即一篇文章是由一系列单词组成的，它们之间没有一定的顺序，因此，在抽取文本的隐性主题时，往往会忽视其语法结构和词汇的先后次序。

LDA 有三层生成式贝叶斯网络结构,包含了单词、文档和文档整体这三者之间的概率分布关系,其结构依次是文档层、主题层和特征词层,其拓扑结构如图 5-19 所示,LDA 文档生成流程如图 5-20 所示。

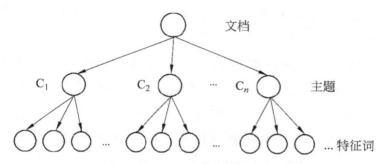

图 5-19 LDA 模型隐含主题的拓扑结构示意图

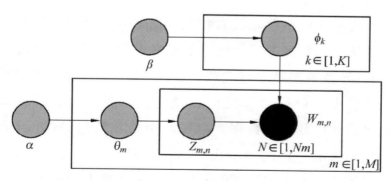

图 5-20 LDA 文档生成流程图

LDA 主题模型建立的核心公式如下:

$$P(w|d) = P(w|t) \times P(t|d)$$

　　直观看以上公式，就是将主题作为中间层，可以通过当前的 θ_d 和 φ_t 给出了文档 d 中出现单词 w 的概率。其中 $P(t|d)$ 利用 θ_d 计算得到，$P(w|t)$ 利用 φ_t 计算得到。

　　由于文本的主题分布是文本向量空间的简单映射，所以我们只需要对 LDA 模型文本进行向量化，然后就可以比对它们的相似度，计算并输出相似的文本结果和相似度。

　　本节选取的数据集结构主要分成两部分：结构化数据和文本数据，其中结构化数据主要包括公司性质、公司行业、工作类别、岗位薪资、公司规模、工作地址、招聘人数、工作经验、学历要求、发布时间、工作性质等。文本数据主要包括公司能力需求与公司名称。数据样例如表 5-7 和表 5-8 所示。

　　由于一些企业在发布招聘信息的时候不严谨，为了快速达到招聘发布而大规模重复发布职位或者少填漏填信息，导致数据集中有许多重复值和缺失值，所以我们要对数据集进行去除重复值和缺失值的操作。duplicated 函数的作用是遍历数据并寻找其中重复数据的行，isnull 函数的作用是查找出字典中的所有缺失值，sum 函数可以将其统计出来，最后再将重复或含有缺失值的行进行删除。

表 5-7　文本数据样例

公司性质	公司行业	工作类别	岗位薪资	公司规模	工作地址	招聘人数	工作经验	学历要求	发布时间	工作性质
民营	IT服务	招聘专员/助理	10 000元/月	20～99人	浙江	100人	1～3年	本科	2017-06-13	全职
国企	教育/培训/院校	产品经理	8000元/月	100～499人	上海	50人	不限	大专	2017-08-21	兼职
合资	计算机软件	销售经理	6000元/月	20人以下	北京	20人	3～5年	博士	2016-12-01	校园
股份制企业	互联网/电子商务	财务助理	3000元/月	10 000人以上	广州	1～10人	5～10年	不限	2018-02-12	实习

表 5-8　结构化数据样例

公 司 名 称	岗位能力需求
天津×泽天下文化传播有限公司	岗位职责：负责线上推广及合作，组织实施推广策略发展策略，建立有效的分析、评估体系
吾×美地（广州）文化旅游投资有限公司	岗位职责：负责公司品牌推广的战略规划、品牌体系建设以及各种品牌推广活动的管理和建立
北京合×时代科技有限公司	岗位职责：提升集团网站服务于用户的效率，负责网站后期运作、经营有关的行为工作；包括网站内容更新维护
上海×马电子商务有限公司	岗位职责：熟悉产品从业务调研、需求分析到实现过程、产品发布的整个流程

5.3.4　数据分析

通过数据统计和挖掘，可见大数据岗位招聘的数量在不同大城市当中的具体占比，通过图 5-21 可以看出，招聘岗位主要集中在北京、上海、广东、浙江 4 个地区，说明电子商务岗位在这些地区有很好的发展前景，工作薪酬较高，但是通过观察图 5-22 可以发现不仅以上 4 个地区的平均薪资较高，福建、江苏等地区也有较为可观的薪资水准，所以求职者也可以考虑去这些地区谋取发展。

通过对薪资数据进行区间划分，可得到下列分类。对各分类的数量进行统计，以便观察电子商务岗位的平均薪资如何，如图 5-23 所示。可以看出，薪酬在 5000 元以下的

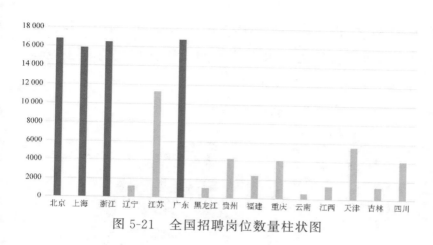

图 5-21　全国招聘岗位数量柱状图

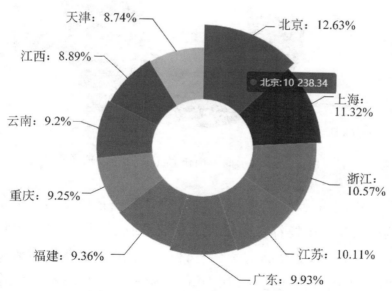

图 5-22　各地区的平均薪资玫瑰图

岗位较多,说明社会需要许多廉价劳动力去完成一些相关事务,但高薪酬的高水平技术的工作岗位仍有许多空缺,需要大规模人才去补充。

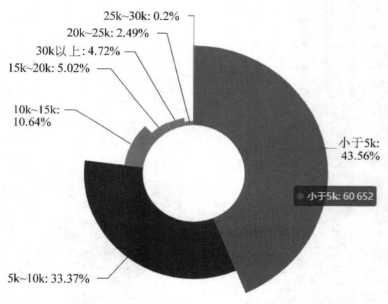

图 5-23　电子商务岗位月工资分布玫瑰图

　　高水平、对自己有要求的求职者往往希望得到一份薪资较高的、比较符合自己能力的工作岗位,所以本节统计了工作薪酬最高的前 20 个岗位,来帮助想要获得高薪工作的求职者指明道路,如图 5-24 所示。薪酬较高的工作大多是企业主管、企业核心技术工程师、软件开发工程师、总经理这样的职位,这些职位需要的应聘人员应该有丰富的工作经验和相应的技术水平。

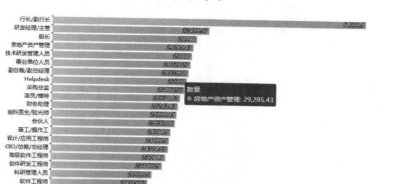

图 5-24　各招聘岗位的平均薪资柱状图

不仅工作岗位地区、岗位类别对薪资有影响,不同性质的企业之间的薪资水平也存在差异,本文通过对不同性质的企业数量和平均薪资进行了统计,得到了图 5-25 和图 5-26。可以发现,民营企业占已有企业的大多数,但是民营企业的平均薪资却相对较低;合资企业的平均薪酬处于较高水准;其他性质的企业间平均薪资相差不多,所以求职者可以尝试着去自己喜欢的性质的企业去谋求岗位。

通过统计公司行业类别可以看出社会上哪些行业的职位有空缺,有了这些数据,高校可以有针对性地培养相关人才。这份数据还可以影响求职者的选择,通过图 5-27 可以看出,互联网/电子商务类的相关岗位需求量远多于其他岗位,互联网/电子商务方面的人员需求依旧存在很大

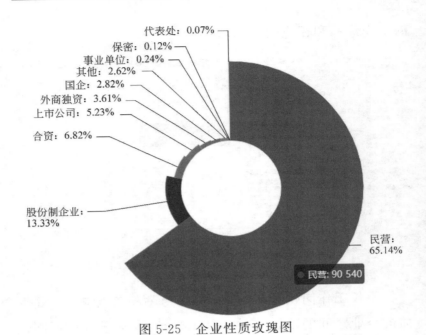

图 5-25　企业性质玫瑰图

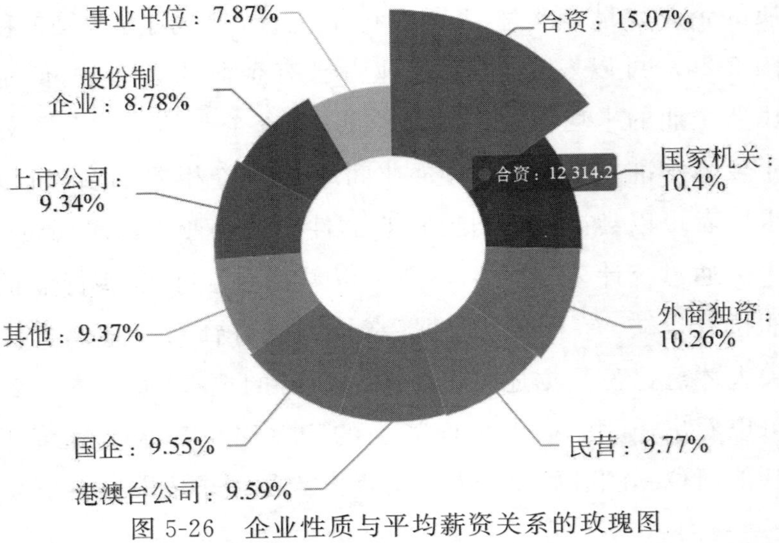

图 5-26　企业性质与平均薪资关系的玫瑰图

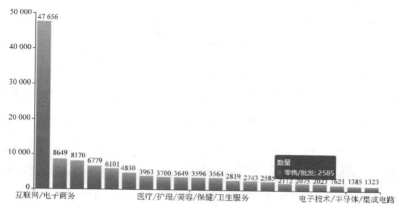

图 5-27　各行业公司数量柱状图

的空缺。而且通过图 5-28 可以看出互联网/电子商务相关岗位的平均薪资在 10 000 元左右,也是非常可观的,所以各个高校可以着力于培养相关专业人才以应对社会上的人才需求,缓解当代大学毕业生就业困难的问题,求职

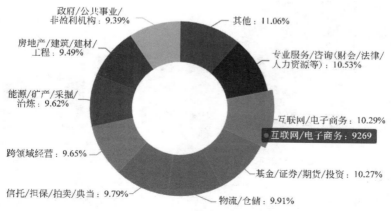

图 5-28　各公司行业平均薪资玫瑰图

者也可以通过学习相关知识进行转型。

　　在现实生活中,岗位薪资还与求职者的学历和工作经验有密切的联系。求职者的学历越高或者工作经验越丰富,相应需求的岗位薪资也越丰厚,如图 5-29～图 5-32 所示,我们可以发现此次实验所用的招聘数据集中的学历要求大多为大专或不限,工作经验要求也多为不限,可以说明社会中极其缺少基层工作干部,学历要求越高或工作经验要求越丰富的工作薪资越高。而且可以发现,拥有10 年以上工作经验的求职者的平均薪资要比博士学历无工作经验的求职者的平均薪资要高,这说明工作经验是否丰富要比学历高低对薪资的影响力更大。

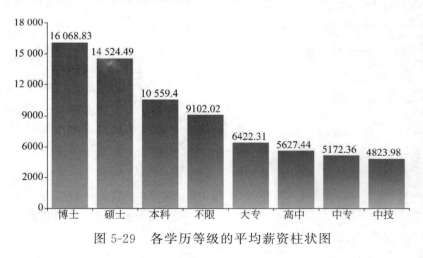

图 5-29　各学历等级的平均薪资柱状图

　　除了以上因素对岗位薪资有影响,公司规模和工作的发布时间也与岗位的薪资有关。一般来说,公司的规模越

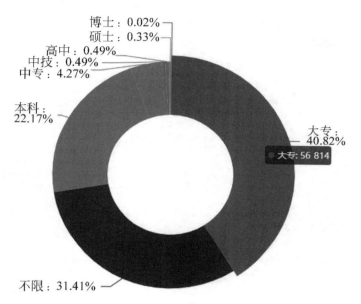

图 5-30　学历分布玫瑰图

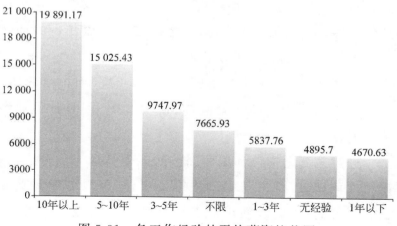

图 5-31　各工作经验的平均薪资柱状图

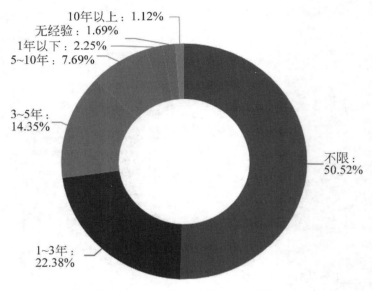

10年以上：1.12%
无经验：1.69%
1年以下：2.25%
5~10年：7.69%
3~5年：14.35%
不限：50.52%
1~3年：22.38%

图 5-32　工作经验统计玫瑰图

大,岗位的薪资越高;如果工作发布的年份该项行业正在蓬勃发展,岗位的薪资越高,反之岗位的薪资越低。通过图 5-33 可以看出,公司规模在 20～99 人、500～999 人、1000～9999 人时,平均薪资较高。图 5-34 则显示 2017 年发布的工作平均岗位薪资较高,说明 2017 年时各行业经济蓬勃发展。

　　通过对高薪岗位和低薪岗位的能力需求进行分词,输出可视化结果,观察其中的关键词变化,可以分辨高薪和低薪岗位的差别,以便求职者更有针对性地提升自己,获取更高的薪资报酬。通过如图 5-35 和图 5-36 所示的词云

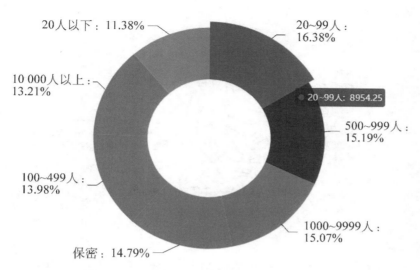

图 5-33　不同公司规模的平均薪资玫瑰图

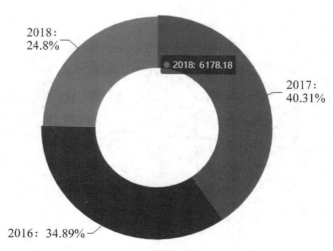

图 5-34　不同工作发布年份的平均薪资玫瑰图

图 5-35　薪资低于 10 000 元的岗位能力需求描述词云图

图 5-36　薪资高于 10 000 元的岗位能力需求描述词云图

图可以发现,薪资高于 10 000 元的岗位需要的能力是完成工程项目,经理、管理者一类的岗位需要具有丰富经验和较高学历水平的人才,而薪资低于 10 000 元的岗位只要对应员工负责运营管理、和客户对接等基础工作。

　　由此可见,工作岗位的地区、所需学历、所需工作经验、公司规模等因素都对岗位的薪资水平有一定的影响,这也符合前文提出的观点:这些因素都对薪资有影响,而且不同的因素对薪资高低的影响不同。

　　根据对招聘网站信息的分析,可以得到如下启示。

　　(1)求职者在浏览招聘信息时首要关注的是岗位的薪资状况,当看到心仪的薪资后才会去查看该岗位招聘人员的具体需求。当遇到没有标明薪资的岗位时,求职者无法清晰地判断出该岗位的真实薪资区间。通过对招聘信息中的岗位能力需求进行文本相似度分析,为求职者推荐相似岗位的名称及薪资状况,可以帮助求职者明确岗位薪资状况是否符合自身期望。

　　(2)由于招聘网站的审查制度存在漏洞,大规模虚假的招聘信息流入招聘网站,其中有一些诈骗团伙捏造的高薪低要求岗位。通过数据处理,用回归模型训练预测出拥有相关特征的薪资,可以帮助求职者分辨真假招聘信息,避免求职者自身利益受到损害。

　　(3)现今有部分中小型企业因为无法合理给定相关岗位的薪资而导致企业人才流失,对于这些企业,可以通过岗位薪资的预测,了解市场相关岗位的薪资状况,从而设定合理的薪资,吸引相关人才,提高企业招聘效率。

如今我国已经进入了大数据时代,不论任何行业或企业都会有与之相关的大数据分析技术和方法。大数据分析技术的出现不仅能让人们的生活更便利,也可以指导群众的投资、企业的营销和应聘者的求职。作为互联网产业的核心技术之一,大数据技术将在产业互联网赋能传统行业的过程中发挥重要的作用。

第6章 人类行为动力学赋能的 内生动力研究模型修正

人类存在于个体性和社会性两个系统中,因此,人类的行为不仅取决于个体行为,还受外界因素影响。人类的行为是一种复杂的现象,许多社会、技术和经济现象的动力学都是由人类的个体行为驱动的,对于人类行为的研究是探索人类自身和社会发展的一个重要方面,并且对研究经济学、心理学、社会心理学等有着十分重要的意义。

6.1 复杂社会系统的人类行为内生动力的增长 长远战略与短期对策

人们生活在一个越发错综复杂的社会体系中,因此,越来越多的学者开始用大规模的单一个体的随机集合来解释这种复杂的非线性行为。随着时间的推移,复杂网络相关的研究也越来越多,越来越多的学者开始关注这个问题。在对社会复杂网络进行研究与分析时,学者们发现社会复杂网络呈现出一种拓扑特征,如网络社区、由于个体偏好而产生的节点属性的幂律分布特征、空间异化以及层级结构等。在复杂社会系统中，人类行为的内在机制包含了优先选择机制、兴趣驱动机制和记忆影响机制。

1. 优先选择机制

Barabasi 认为，人类行为的突发性是由决策的排队过程导致的，每人每天的待办列表中有 N 个任务，事件的启动需要划分一个优先级，以此来表示每个任务的紧急程度，并由此建立人类动力学模型。而且，人们大部分的任务都是有截止日期的，人们会根据截止日期和等待时间来安排自己执行任务的情况和日程。有学者通过建立连续优先级排队模型得出结论，认为当有新任务且新任务比当前接受任务具有更早的提前期时，新任务就会被优先执行，而当前任务就会被推迟。截止时间分布与等待时间的分布均同时表现为重尾特征。随后，Dall Astal 等人从经济学角度分析所需完成任务优先级安排情况。当这些任务的优先级是相同的，完成各项任务会得到相应的报酬的同时，也会付出不同的成本，每个个体需要综合考虑收入与回报并按照一个合理的顺序来安排这些任务的优先级，以寻求一个最优化的排列方式。

2. 兴趣驱动机制

复杂社会中个体行为的动机也是十分复杂的。并非所有事件都可以归类为任务并划分优先级，学者们通过大

规模实证数据分析了电影点播、短消息通信、网页浏览等
过程,发现时间分布依然具有胖尾特征,即人类初次接触
到某新鲜事物时,往往怀揣着极大的兴趣,随着兴趣使然,
个体行为发生频繁;但随着行为次数的增多,兴趣逐渐降
低,以至于失去兴趣,而长时间的静默之后又驱使兴趣猛
涨,短时间内又频频发生该行为。由此,学者们进一步猜
测,人类兴趣变化规律可能导致胖尾分布。随后,又有学
者提出时间间隔 t 内的兴趣可以用当期时间间隔内发生
事件的概率来量化。

3. 记忆影响机制

记忆作为个体的重要属性,对人类动力学特征的影响
尤为重要。每个个体对其过去的记忆有一定的感知,并可
以根据其感知对事件做出相应的反馈,以选择增加或减
少。2007 年,Vazquez 提出了记忆机制模型,在模型中,事
件的间隔时间分布函数为

$$F(\tau) = \int_0^r \frac{\lambda(t)}{\lambda_0 T}(1 - e^{-\lambda(t)\tau}) dt$$

$$\lambda(t) = \frac{a}{t} \int_0^t \lambda(t) dt$$

其中,$\lambda(t) dt$ 是人们在 t 和 $t + dt$ 之间执行活动的概率。
λ_0 是时间周期 T 内到达事件的平均数。当 $a = 1$ 时,$\lambda(t) = \lambda(0)$,过程趋于平稳;当 $a \neq 1$ 时,过程趋于非稳态,对事件

的反馈表现为加速或减速。

6.1.1 长远战略：复杂社会系统的人类行为内生动力促进

社会属性是人的一项重要属性，由社会属性构成复杂社会关系网络的机理历来受到各个领域研究者的重视。在社会交往中，社会交往的构成可以看作人与人的两个节点之间的联系，因此，复合网络理论也为社会关系的分析提供了理论基础和方法。通过对具有上百万用户的庞大社交网络进行研究，我们可以发现，同质性、三元闭包原理、社团结构、流行性、互惠、强化等都是目前已被科学家证明的交友策略，在复杂的社会中，人们普遍采用这些策略来结交朋友。

1. 同质性

在一个复杂的社会体系中，同一性指的是一个人的特征，如性别、籍贯、经历、爱好、信仰等，更易于与他人相互关联。社会地位、地理位置、家庭关系、认知过程等因素是造成这种现象的重要因素。在社会交往中，人们选择认识他人的概率和社会交往倾向是一个很大的影响因素。在婚姻关系、朋友关系和商务伙伴关系中，存在着同质关系的促进效应。此外，有学者根据美国一所中学 1000 多名学生做了问卷调查，发现同质性来自个人的选择，而青少年在选择朋友时，往往更愿意在社会交往中获得最大程度的认同。而且，同质性的选择不仅发生在线下的关系中，在网络社会的进程中也是如此，人们更愿意和自己相似的人进行交流。

2. 三元闭包原理

在复杂的社会关系中，三元闭包原理指的是：如果一个人和另一个人在一起，他就更容易和第三人成为朋友。在对现实复杂的社会关系网络进行分析时，学者发现三元闭包能使网络具有较高的聚类系数、社团结构和幂律分布。另外，不同类型的使用者对三元闭包原理的偏好也存在差异，根据微博的统计结果，女性使用者较男性更倾向于开放三元封闭，而受欢迎使用者较一般使用者更倾向于封闭运作。三元闭包原理在社会学家 Granovetter 的理论的基础上进一步扩展了对弱连接的研究。

3. 优先链接机制

在这种机制下，网络中的节点数量越多，越容易引入新的节点，因为节点的数量越多，越容易被新的节点所吸引。因此，在网络中，节点的数量越多，就越容易出现新的节点。因此，我们可以很容易地了解到富人和马太效应。1999 年，Barabasi 等人首先对万维网的幂次性分布进行了深入的研究，并在此基础上建立了一种既包括了优先链接又包括了增长机制的模型。另外，对于好莱坞演员的关系网络、科学家合作研究网络、社交平台上的用户网络而言，都是最先加入网络的人更有可能获得更多的粉丝和合作伙伴。

4. 强化机制与互惠机制

在人类社会复杂网络中，互惠机制与强化机制是两种典型的连边机制。强化机制指在社交联系过程中由发送者不断向接收者传递社交信息，这种机制是单向连接的；而互惠机制则指接收者与发送者相互交换社交信息，是双向连接的。在人类社交过程中，人们不仅倾向与现有的社交关系保持联络，同时也需要与他人进行信息交换并得到反馈。Homans 的"社会交换理论"认为，人类的社交过程需要达到互惠平衡才能长期维持和谐，人际关系的本质是交换关系。通过互惠机制，人与人之间的关系更容易被拉近，互惠机制对交友、合作等社会关系也具有积极的促进作用。

6.1.2 短期对策：复杂社会系统的人类行为内生动力机理

在复杂的社会环境中，人类行为相关的研究一直以来都是社会学、心理学、计算机科学等多个领域科学家关注的一个热点问题。通过分析，我们已经证实同质性、三元闭包原理和优先连接等策略是人类社交关系的重要策略。那么，社交网络用户在选择好友时是如何在这几种策略中进行选择的？这样的选择倾向是否会随着时间推移而发生变化呢？

现代化人类行为内生动力基本状况如何，决定着一个复杂社会系统的潜力及前景。作为现代化人类行为内生动力有机组成部分的原生动力、提升能力以及调适能力，这三者各有其不可或缺的功能，缺一不可。缺少其中的任何一项内容，一个复杂社会系统就无法得以顺利展开和推进。对一个复杂社会系统来说，如果缺少原生动力，其复杂社会系统的能力难以持续推进；如果缺少提升能力，其复杂社会系统就难以实现不断的"升级换代"；如果缺少调适能力，即使复杂社会系统能够有效应对种种风险而顺利进行下去，也难以顺应新的时代变化、与时俱进、做出必需的调整。

6.2　人类行为动力学赋能的内生动力模型的修正研究

人类行为动力学的定量分析是从 20 世纪开始的，与此相关的研究也推动了概率论中若干重要概念的发展。目前，大多数人的行为都建立在泊松分布的基础上，假定每个任务都以固定的速度进行，也就是说，在一定的时间段内，事件在一定的时间间隔内出现的概率不依赖时间，而是与事件的时间间隔呈线性关系。这表明人的活动方式具有随机性和平滑性,其时序特征与邻近事件之间的时间周期差异不大。

泊松过程是影响人类行为的一种重要手段。因为复杂的社会体系中,人类行为表现出了高度的多样性,使得人们对人类行为的规律性研究还处于定性分析的阶段,甚至人们将其视为一种无规则的泊松过程。只要人类的活动资料收集量是有限的,那么泊松分布就是人类活动的基础。但是,近年来,由于计算机技术的发展,以及统计模式的改进,在已有资料的基础上,大规模的经验资料显示,泊松过程并不能很好地反映人类活动的时空分布,因此,在此基础上,人们发现人类的时间空间分布并非泊松的,而呈现出阵发性和重尾的特点。"阵发"指的是一种经常在短时间内发生、随之消失很久的现象,"重尾分布"指的是一种没有指数阶矩的分布函数。泊松分布中,重尾分布的衰减速率缓慢,并拉长了尾迹,因此,观察到更多结果的概率要比泊松分布大得多,而在时间上的分布规律则表现为"阵发"。

在随机过程与队列理论中,时差与延迟是非常关键的指标,同时也用于对人的行为进行时间尺度的度量。另外,科学家还用其他的统计数据来量化描述复杂社会体系中人们的行为。活跃度可以用来描述一个人在某一时刻所做的事情的频率,也就是在某一段时间里,一个人所完成的动作的次数。结果表明,企业的活动性不但表现出明显的周期和波动性,而且与空间时间分配中的幂指数成反比。

　　人类行为的阵发和重尾特征使得行为的间隔时间分布具有很大的标准差。我们可以用阵发性指标来度量人类行为的异质性,即 $B=(\sigma_\tau-m_\tau)/(\sigma_\tau+m_\tau)$。$B>0$ 意味着分布具有阵发性,而 $B<0$ 意味着其分布具有规律性。所以,我们用记忆性指标来描述人类行为相邻时间间隔的相关性。用这两个序列前 $n_\tau-1$ 和后 $n_\tau-1$ 的 Pearson 相关系数来度量整个序列的记忆性,即

$$M_e=\frac{1}{n_\tau-1}\sum_{i=1}^{n_\tau-1}\frac{(\tau_i-m_1)(\tau_{i+1}-m_2)}{\sigma_1\sigma_2}$$

其中,σ_1 和 σ_2、m_1 和 m_2 分别表示两个序列的标准差与均值。$M_e>0$ 与 $M_e<0$ 分别意味着记忆效应和反记忆效应。研究表明,记忆性在自然系统与人造系统中均存在。

　　处在一个复杂的社会体系中,人们对于自己的行为法则的探究动力,从未低于他们对于客观世界的法则的热忱。哲学、生物学、经济学、社会学、心理学等学科已经对人类行为法则进行了深入的探讨。近年来,许多学者从不同的学科和不同的行为模式对人类的行为法则进行了不同的阐释。动态模式的研究虽然没有定性与定量的实证研究那样盛行,但是却给了人们一个崭新的视角去认识人类的行为,这也是许多学者所关心的问题。

　　将人类的行为赋予内在的动机模型通常建立在对消

费者品牌选择行为、驾驶行为、企业管理者行为等多种情况的基础上。另外,许多学者也从社会环境等诸多因素的作用下间接地探讨了人类的活动规律,例如,根据人们的情绪、信仰的变化间接探究人类的活动规律。总之,尽管在过去的几年里,人类的行为动力学已经引起了很多学者的关注,也由此得出了大规模的理论和结论,但这些研究都是以个人的方式进行的。而且,由于数学模型不能表现个体的心理、理性等方面的结果,很难弥补个体在刻画人性方面的不足,因而限制了个体行为动态的建模和预测。人们对复杂网络进行了深入研究和理解,将其成功应用于非人的社交网络中,能够很好地解释人类社会网络中的各种传播和扩散现象。而将一个复杂的网络和一个人的动态模式结合起来之后,复杂网络是否能够很好地描述人们的信仰和行为?许多学者都将不同的个人行为模式运用到网络中,例如信任、信誉模型、流行病扩散等。在这一领域,观点动态的研究一直是人们关注的焦点。尤其值得一提的是,在视角动力学的相关研究中,有关社会心理学的研究也逐渐增多,因此,我们可以看到,在复杂的社会体系中,人们已经开始重视将人的动态模式和心理模式结合起来。

在复杂的社会系统中,人的空间活动对整个社会系统的运作和演变产生了深远的影响,尤其对交通系统、流行病传播、舆情传播都产生了深远的影响。因此,探讨人的空间活动行为的统计特征及动态机理，对认识复杂的社会制度的运作和演变具有十分重要的作用。

近几年，许多学者发现，人与某些动物的空间活动也具有非泊松统计性质。其中，就人的出行行为而言，可以从现有的货币使用、手机通信、GPS、社交软件的地理位置等方面进行深入的分析。在已有的研究基础上，我们得到了如下的结论。

（1）人类在日常出行中相邻两次经停的空间距离的概率分布十分接近幂律分布。这一特性十分显著，不仅反映在人类日常出行中，还反映在动物迁徙过程中。

（2）人类出行行为中还存在一些其他的标度性现象，例如访问频率分布、访问地点数的增长等。

（3）人类出行行为具有趋于特性，人们更倾向于在小范围内高频率活动。

（4）人类的日常出行行为有着强烈的规律性和可预测性。

下一步，我们希望对以上模型进行必要的修正，以有效揭示复杂社会系统内人类行为的内生动力。

参考文献

参考文献